拌拌◎编著

花好小钱，过好日子

人人都应该有的
第一本理财书

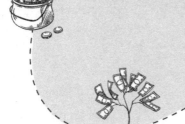

U0209308

南方出版传媒

广东经济出版社

·广州·

图书在版编目（CIP）数据

花好小钱，过好日子 / 拌拌编著. —广州：广东经济出版社，2019.1
ISBN 978－7－5454－6292－0

Ⅰ. ①花… Ⅱ. ①拌… Ⅲ. ①财务管理－基本知识 Ⅳ. ①
TS976.15

中国版本图书馆 CIP 数据核字（2018）第 097250 号

出 版 人：李　鹏
策划编辑：张晶晶
责任编辑：程梦菲　张晶晶
责任技编：许伟斌
封面设计：李尘工作室

《花好小钱，过好日子》
Hua Hao Xiaoqian, Guo Hao Rizi
拌拌　编著

出版发行	广东经济出版社（广州市环市东路水荫路 11 号 11～12 楼）
经销	全国新华书店
印刷	东莞市翔盈印务有限公司
	（东莞市东城区莞龙路柏洲边路段）
开本	787 毫米×1092 毫米　1/32
印张	5.5
字数	70 000 字
版次	2019 年 1 月第 1 版
印次	2019 年 1 月第 1 次
印数	1～3 000
书号	ISBN 978－7－5454－6292－0
定价	25.00 元

如发现印装质量问题，影响阅读，请与承印厂联系调换。
发行部地址：广州市环市东路水荫路 11 号 11 楼
电话：(020) 38306055　37601950　邮政编码：510075
邮购地址：广州市环市东路水荫路 11 号 11 楼
电话：(020) 37601980　营销网址：http://www.gebook.com
广东经济出版社新浪官方微博：http://e.weibo.com/gebook
广东经济出版社常年法律顾问：何剑桥律师

目录

第一章
花对了钱就是省钱

1. 你会花钱吗

"当你考虑'该不该花'这个问题的时候，其实是个人消费意愿与传统金钱观念产生冲突的时候。"

"我们并不提倡压抑个体正当的消费意愿，因为钱不是省出来的，是花出来的。花钱比挣钱更需要智慧，花对了钱就是省钱。"

"正视自己的内心需求和生活担当，无论钱多钱少，都能做到出于自己的意愿主动支配金钱，而不是反过来被金钱困住手脚。"

你会花钱吗？看到这个，大家多半都会想，这是什么蠢问题？花钱谁不会呀？再说了，即便我们不主动花钱，这个"钱来钱往"的社会，从我们出生开始，就几乎每时每刻都在让我们花钱，无师自通。

然而，这充其量只能说是生活消耗。对于钱包里那些大大小小的纸张，手机里伴随着二维码、密码跳动的数字，你就真的能说你会花它们了吗？

我们都知道，要说花钱，是要从支配它们开始的。

走过了听爸妈吩咐帮忙打酱油的年纪，渐渐地，我们的小钱袋里开始有钱了。这钱袋子里的钱不管是从零花钱里抠出来的，还是打工兼职挣来的，总之我们也算是一个真正意义上可以支配财产的消费者了。过去，花钱买样自己心仪的东西，也没有太多的顾虑，钱就这样花出去了。终于有一天，我们开始需要自己打理自己的生活，也终于明白了什么是"不当家不知柴米油盐贵"，这花钱的事，也该好好想想了。

于是，就像喝汽水的少年终将拿起保温杯一样，我们花钱，也从羞于砍价变成了精打细算。要消费的东西越来越多，但还有个问题是绕不过去的——这笔钱，到底该不该花？

仔细想来，这还真是个很复杂且不好回答的问题。一笔钱到底该不该花，其实是很私人的问题，因为这终究是为你个人的某项意图服务的。既然是私人问题，置于他人口舌来评判稍嫌无聊，依赖大众通行之法则来框定个人的消费行为又显得过于武断。更进一步说，当你考虑"该不该花"这个问题的时候，其实是个人消费意愿与传统金钱观念产生冲突的时候。事实上，传统观念中，是不太提倡以个性意图操纵消费行为的。面对这种冲突，通常的解决办法就是要求压抑消费意愿。从"月光族""购物狂""守财奴"等一系列不友善的标签中可见主流消费观念对个性消费的不尊重。比如"月光族"，这本是尚未完成初步储蓄积累的年轻人生活中常有的甚至是必经的一个过程，如果盲目地定义这类人的消费行为不合理，让他们去过馒头就咸菜一类的价廉物不美的生活，反而容易走向另一个误区。所以当你面对这样的问题时，不妨先放一放，试着先了解一下自我，了解一下关于花钱的实质，再去考虑回答这个问题吧。

我们并不提倡压抑个体正当的消费意愿，因为钱不是省出来的，是花出来的。花钱比挣钱更需要智慧，花对了钱就是省钱。会花钱的人，一定是一个对自己的花钱意图有十分明确认识的人，不会就一两笔花销问题纠结不休；会花钱的人，不仅懂得如何灵活支配手上现有的钱以达到意图，还懂得如何开源节流，一步步完成自己的小目标，最终实现大目标；会花钱的人，不仅能把钱花在刀刃上，还懂得适当投资理财，让钱流转生利。小钱在他们手中，都是负有使命的。花钱在他们眼中，那是一种资金的活力，是对个性消费意图的尊重和鼓励，是对未来生活的投资。看到这里，或许你会说，道理我们都懂，可是那是不吝惜钱帛的有钱人才能有的想法，我们普通老百姓可没有这样的闲钱能玩转这种"策略游戏"。其实不然。我们市井街坊固然不可能像富豪们那样挥金如土、搅弄风云，但是我们身边也不乏盘好自己的小算盘，一点点打造好自己的小生活的鲜活例子。学习他们的智慧和经验，我们也能摸索出一条适合自己的"套路"。

正视自己的内心需求和生活担当，不再瞎驴拉磨，学会做到主动掌控钱包；无论钱多钱少，都能做到出于自己的意愿主动支配金钱，而不是反过来被金钱困住手脚。当你摸索出一套独家秘方，让你有能力应对各种需求时，你就是个会花钱的人了。

2. 小钱不花，大钱难省

"如果手边的物件都是廉价商品的时候，就容易造成生活品质的结构性坍塌，这是一种生活品质上的全系统全方位的失效和崩溃。"

"止损也是一种省钱的方式。"

"量力购买保险，是花小钱花得最值当的做法之一。"

如果某一天，突然有一件商品闯入你的眼帘。它是那么合你眼缘，又是那么迎合你的需求，一下子就勾起了你强烈的购买欲望。你满怀欣喜地翻看价牌，结果现实无情地打击了你。这时候，对于这件虽不至于高不可攀但也未能爽快买单的商品，你还买不买呢？

买！正所谓，千金难买心头好。

　　这时候，你就有了个小小目标。为了尽快拿下心仪的商品，我们开始了筹钱的第一步。通常这种情况下，大多数人都会选择最低消费法，也就是节衣缩食，用降低其他用品的花销来省出购置目标商品的钱。这方法可以说是最简单易行的办法，可也是暗坑多多的权宜之计。

　　听闻有的"勇士"可以用近乎苦行僧的毅力完成节衣缩食的任务，比如不添置任何新衣新物，花销仅维持在最低消费水平，所有不得不花的消耗品都是选择最廉价的。如此做法未免有点夸张，可是生活中我们还真的遇到过不少买东西习惯首选廉价商品的人。仔细想想，自己其实也没少这么干，总觉得也不是很重要的东西，对付对付就行，回头算算自己省下的小钱，心里还偷着乐一乐呢。

　　不是说廉价的东西不好，我们现在要讨论的话题之一，不就是如何做到物美价廉吗？但是同时我们也很明确一个道理，那就是一分钱一分货。市场上大部分的商品，其实都不会偏离它的实际价值太多，奢侈品除外。我们购置的许多廉价的商品，单独一件件来看，或许并没有多少问题，但是如果手边的物件都是廉价商品的时候，就容易造成生活品质的结构性坍塌，这是一种生活品质上的全系统全方位的失效和崩溃。一旦发生，对个人造成的损失可就不是置换一两件物品就能解决的，极其糟心。有时候看到有朋友吐槽身边的东西接二连三地出现故障，抱怨祸不单行，这种情况多半就是结构性坍塌的表现。

正所谓，小钱不花，大钱难省。如果我们一味地为了节省小钱而压缩消费水准，没准在还没有攒够大钱的时候就不幸遭遇结构性坍塌，好不容易省下来的大钱，又要重新贴补维持原有生活去了，白白浪费了时间精力，那就真是得不偿失了。

还有一些小花费，或许一时间看不出其必要性，可如果不投入，也可能引起结构性坍塌，特别是那些需要定期更换、维护的物品。这种抠小钱的做法在企业中常常见到，例如为了省成本而没有给电脑做定期升级维护，结果电脑连番出现故障被迫停工。家庭中这种情况不多，但如果你家里本身有需要定期更换、维护的物品，如空调系统、新风系统、净水系统等，请一定不要为了节约开销而拖延或忽视对其的维护。

但同时，我们还需要注意这样的情况：当维护成本高于实际价值时，要及时考虑止损。从另一角度来说，止损也是一种省钱的方式。通常一件物品越是到了使用年限的后期，需要维护的频率就越高，这时候即便每次维护的花费也只是小额，但是高频次下来就不是一笔小数目。如果这件需要经常维护的物品对个人来说很有意义，舍不得丢弃，那么我们建议你可以尝试旧物改造，为爱物重新找到定位，而不是坚持使用。

还有一种小钱，是防范生活风险的，那就是保险。如果你的生活达到一定阶段，请考虑在基本的社会保险的基础上购买商业保险。保险是保障家庭不会在遭遇重大变故时中途返贫的最有效的手段。量力购买保险，是花小钱花得最值当的做法之一。

3. 不掉价的花钱法

"我们所提倡的高性价比消费，是指不拘泥于死板的价格平均数的比较，而要充分考虑消费品与需求的匹配度。正所谓物尽其用，匹配度越高，性价比越高。"

"在消耗物品满足需求的程度之上还能创造出新的价值，那便是更佳的高性价比，是实实在在的不掉价的花费了。"

我们往往有种习惯，就是购买了一件商品之后，没多久就会忍不住去看看现时价格，如果看到降价了，不禁捶胸顿足，觉得自己亏了。所以有种说法是，当你买完一件东西，在一段时间里就不要再关注了，甚至不能留意同类型的商品。这种"鸵鸟做法"也不失为一种调剂。可如今社会网络如此发达，我们又经常网购，即便你不去关注，大数据技术都能把信息推送到你面前，想不注意都不行。

亏不亏，这个当然不能只是从价格上看，可如果用"现价+已使用时长"这种简单的方法也不够全面。我们往往把"性价比"作为衡量值不值、亏不亏的标准，高性价比消费是一种不掉价的花钱法。那么怎样才能算作是高性价比的消费呢？

性价比，顾名思义，就是性能和价值的比值。但价值也不完全是价格，且每个人的主观感受又不一样，要将比值标准化就比较困难了。通常认为的高性价比的消费行为，最直接的就是以下两种基本情况：花了一样的钱，有的人买到的商品更好；一样的商品，有的人花的钱更少。然而我们提倡的高性价比消费，不仅仅是停留在简单比较的层面，实际的感受可比前面提到的情况复杂多了。实际生活中，我们不可能在花钱时像做实验一样限定哪些是变量哪些是定量，然后再比较出更优的方案。我们只能通过权衡物品性能和价值所包含的因素，综合判断出一个适合自己的方案。

　　需要考量的有：质量，材料，寿命年限，功能，科技含量等有标准的、相对客观的实物因素；审美取向，计划使用年限，个人用途等较为主观的因素。这其中，个人用途是影响个人对性价比判断最深的因素。个人用途往往是个人的某种需求，如基本使用需求，娱乐性需求，生产力工具，等等。如果以个人用途为基础尺度来衡量性价比，那么上文提到的两种基本情况或许就会有不同的结果。比如同样配置的一台电脑，A花了5000元购入，B花了4500元，按照一般的想法，B的消费更具有性价比。但如果A使用电脑的频率高，电脑是其重要的生产力工具，而B仅仅是将电脑闲置家中，偶尔作为简单的日常使用，那么综合看来，A的消费才算是高性价比的行为。

　　我们所提倡的高性价比消费，是指不拘泥于死板的价格平均数的比较，而要充分考虑消费品与需求的匹配度。正所谓物尽其用，匹配度越高，性价比越高。根据马斯洛需求层次理论，需求是分层级的，同等单位价格下，如果消费能够满足高层次的需求，或是同时覆盖多层次的需求，那么这就是高性价比的消费。如果在消耗物品满足需求的程度之上还能创造出新的价值，那便是更佳的高性价比，是实实在在的不掉价的花费了。

4. 启动脑中的计算器

"我们能注意到的往往是有形的消耗，而忽略许多无形的消耗。"

"时间紧迫的状况下，也只能花钱买时间，因为时间就是金钱。"

"我们脑海中的计算器，就是通过各种估测对比，在较好的多种方案中找出最适合自己的那一个选择。"

前面我们说到，消费要充分考虑需求的匹配度，能否有效地满足需求是衡量消费是否有性价比的关键。计算性价比是一个复杂的过程，除了需求之外，还要考虑其他变数，像物品本身的损耗、时间成本以及精力等，这些都是需要斟酌的，尤其是时间和精力的损耗，两者产生的影响会比单纯物质损耗的影响要大得多。

一件物品一旦被使用就开始有消耗，这些消耗转化成对我们需求的满足。我们能注意到的往往是有形的消耗，而忽略许多无形的消耗，这其中最典型的就是为了维持物品最佳状态而需要投入的精力。无形的消耗就像偷油鬼，不知不觉间就拉低物品的使用体验。曾经有一位朋友，在旧物市场上淘到一件颜值很高的镂空摆件，若用作香薰灯罩瞬间就能让房间气氛满点，大家看到了都纷纷夸赞这位朋友精明。很快，这件"笋嘢"弊端显现，或许是材质问题，加上镂空工艺，特别容易积灰显脏，要保持它的高颜值，就要隔天擦洗。最后这位朋友不得不为这件割舍不下的爱物专门买个玻璃展示架，把它供起来，可这样一来，不仅多花了一笔钱，罩起来的摆件观赏性也大打折扣。

同样需要考量的要素还有时间成本。有时候能极大缩短时间的方案，或许比普通方案要贵出许多，可若是在时间紧迫的状况下，也只能花钱买时间，因为时间就是金钱。考虑时间成本，要从整体上考量，将从开始到达成需求、目标的全部环节都盘算进去，才能更好地把握时间成本。

小胡要从广州番禺区出发前往北京大兴区出差，现在摆在他面前的出行选择有两种。第一种是从广州白云机场出发乘坐飞机到达北京后，再转乘机场快线和地铁前往大兴区。第二种是从广州南站坐高铁到达北京西站后转乘地铁前往目的地。两种方案里的交通费用相差无几，而飞机的飞行时间是3小时30分钟，高铁全程则需要8小时。乍一看，选择飞去北京似乎更快，但是小胡还是选择了高铁出行。为何如此选择？小胡大致算了一下。

广州到北京的飞行时间确实比高铁要少很多，但是如果算上前前后后的时间，结果就不一样了。飞机方案下，小胡从广州番禺到广州白云机场需要1小时30分钟，安检候机登机至少预留1小时，到达北京后，提取行李至少需要半小时，从机场出来到换乘车站需要半小时，乘坐轨道交通又需要2小时。这样一来，小胡花在路上的时间至少也需要9小时。况且出行情况多变，航班延误也是常有的事，为保险起见还要预留更多的候机时间，小胡实际要花费的时间只会更多不会更少。而在高铁方案下，小胡从番禺到达广州南站只需要半小时，算上安检候车的时间，小胡只需要在发车前一小时出门就可以了。最重要的是，高铁准点率非常高，到达北京西站后，就可以直接换乘地铁前往目的地，耗时最多1小时。也就是说，选择高铁方案，小胡能在10小时之内到达目的地。飞机方案实际花费的时间和高铁方案的差不多，且有不少不可控因素，所以小胡最终选择了高铁方案。

世间有一条重要定律是能量守恒定律。其实消费领域，可以说也是遵从这一定律的，我们姑且称之为效用守恒吧。当物品本身的消耗转化的效用达不到要求时，则需要人为干预去补足。如果人工的消耗挤占了个人的精力和时间，这不仅不能使个人获得较好的体验、改善生活质量，说不定还会如上面那位朋友那样增加其他额外开销。碰到这样的情况，我们当然可以选择上文提到的方法——及时止损。但是已经花出去的钱，就只能白花了。

高性价比消费有许多种评判维度，不是说只有唯一的最佳选择。如果你本身就是位勤劳的小蜜蜂，喜欢打扫，那么上面那位朋友购买的摆件对你来说依旧是性价比非常高的选择。再比如前篇提到的购买电脑的A，若除了那台5000元的电脑外，还有一台6000元的电脑，配置和功能相比5000元的略优，且6000元的外形更小巧方便携带。考虑到A需要移动办公，轻便的生产力工具或许能减轻他的人工消耗，提升效用，这种情况下，我们并不排斥选择性价比看起来相对没那么高的。可若A身强体壮，不在乎区区百八十克的重量差，这点人工消耗对他来说不算什么，那么也就不需要盘算这么多了。

我们脑海中的计算器，就是通过各种估测对比，在较好的多种方案中找出最适合自己的那一个选择。个人的习惯和需求，所要承受的损耗、时间成本、消耗的精力对于个人而言有多大影响，都只有自己最清楚，所以也只能个人自己去盘算，关键还是在于用最佳的方式满足需求。如果预算充足，不想在其他问题上纠结，那么选择性价比相对没那么高的物品也是可以的。毕竟人嘛，最重要的是开心。

5. 新物质时代

"我们提倡合理的、尊重个性的、有目的性的、讲究性价比的、灵活的消费行为，最重要的，是希望通过明确观念的指引，让你的每一次支出更有意义。"

"新物质条件下，我们要警惕那些被包装在'新新消费观念'下的不健康的消费指引。"

"始终有一条红线是绝对不会变的，那就是：一切最终让你变得贫穷的消费都是耍流氓！"

现代生活是越来越好了。现在都在说"新阶段""新常态",那么我们也能说,如今是新物质时代。新物质时代,人们有了更高的要求,除了要求丰富的种类、过硬的质量、合理的价格之外,开始追求物质的多元、个性、审美等。新的时代下,我们的消费观念也在快速转变,我们提倡合理的、尊重个性的、有目的性的、讲究性价比的、灵活的消费行为,最重要的,是希望通过明确观念的指引,让你的每一次支出更有意义,花出幸福感。

幸福感是一种心理体验,是新物质时代下更高的心理需求。而在此之前,我们追求的更多的是安全感,安全感是幸福感的基础。钱包越鼓,安全感越高。因为拥有越多的可支配资金就意味着能拥有更丰富的资源,可以换取各种物质保障或改善生活,可以满足从生理到精神各个层面的需要。当我们的需求被有效满足时,我们才会感到安心,才会觉得自己能够自主掌控生活,可控的消费给我们带来安全感。这种安全感持续且稳定地发展到一定程度，你会发现你不仅能掌控一时所需，还能尝试追求超越，无惧风险，安心享受。

　　无论花钱还是省钱，其实都是获取安全感的一种方式。有研究表明，出于寻求安全感的目的，人们对金钱的态度分为两种：一种是要在花钱的过程中，体验获取资源、享受快乐的安全感，这种态度多出现在家庭条件较富足的人身上；另一种，就是在省钱的过程中，获得防患于未然的安全感，童年家庭拮据的人通常会持有这种态度。无论选择何种态度，我们都需要对金钱有健康的心态，单一方式向极端发展，都有可能出现心理的误区，变得过分挥霍或者过分吝啬。我们与钱的关系应该是以人为主，个体自身应当对钱做到清晰认识、理性分配、主动支配。花钱之道也并非全在节制，我们应将身心从物质的原始积累中解放出来，追求更好的生活品质。

新物质条件下，我们要警惕那些被包装在"新新消费观念"下的不健康的消费指引。这些观念往往就是以上两种心态的极端化表现，使得金钱反客为主。比如有的观点提倡极力追求时尚、个性，鼓吹"今朝有酒今朝醉""千金散尽还复来"，于是我们有了不少购物狂；有的奉行超级节俭主义，能不买的不买，非要买的买最便宜，并称之为"省小钱办大事"，于是我们也不少见抠门鬼……

乱花渐欲迷人眼。想来许多话，原本也并非全无道理，如何支配手上的钱这个复杂的问题，又岂是一两句话就能说得清的？但是对于花钱，始终有一条红线是绝对不会变的，那就是："一切最终让你变得贫穷的消费都是耍流氓！"在花钱的道路上，我们往往会因为过分专注于获取心理安全感而迷失，失去主动权，走入误区，离我们追求幸福的想法越来越远。所以说，光有理念是不够的。那么有没有方法，能让我们保持清醒，有效地达成目的？想来是有的。接下来我们将好好探索关于识钱、关于花钱的方法论，尝试着将花钱与省钱相结合，找到最佳的心理平衡点，让安全感的基石催生幸福感，摸索个人在新物质时代下花钱的独门秘方。

第二章

花钱的学问

1. 认识你花的每一分钱

"钱作为一般等价物，只有在使用的时候才具备价值，否则就是废纸，毫无意义。"

"一个人想要完成原始积累，光通过缩减花销其实并没有太大的效果，缩减花销是不太可能帮助一个人实现在财富和生活品质上质的跨越的。"

"认识清楚花出去的钱究竟要指向什么，再来考虑是否要对这笔花销进行调整是比较稳妥的做法。"

对于钱包里的那一张张钱，我们是最熟悉不过了。钱，也就是我们习惯的货币，它究竟是什么？上学的时候课本告诉我们，它是一般等价物，是实现交换的量值媒介。"掉书袋"对我们日常生活来说似乎没有什么意义，其实不然。想必大家都留意过类似的新闻，说是有的老人家过于爱惜钱财，不舍得花钱，而且觉得要把钱放在眼皮子底下才放心，于是把钱藏在家里的某些角落里，结果某天不幸遭遇天灾人祸，纸币都损坏了，多年心血变成废纸一堆，老人家心痛欲绝。老人家的做法就是典型的因看不清钱币的本质而采取的糊涂做法。当然，年轻一辈自然不会如此。之所以回顾概念，就是想提醒大家，钱作为一般等价物，只有在使用的时候才具备价值，否则就是废纸，毫无意义。

钱要花出去才有价值。花钱的方法有很多种，买东西，储蓄，投资，这都是在花钱。可是光说花钱，没钱怎么花钱呢？钱又不会从天上掉下来。说得没错，我们要讨论花钱，先要说说钱是从哪里来的。

属于你的钱到底从哪里来？看起来，有的来自家庭的积累，有的来自劳动，有的来自投资的增值，等等。这些都还只是很表面的现象。经济学家告诉我们，财富其实来自你对社会的价值贡献。你的家庭情况、人际关系、技能、参与何种社会分工等一系列复杂的要素通过社会这个精密的系统转化成你的财富。我们用自身价值换取财富，再用财富支撑生活。人们要想拥有尽可能多的财富，根本上还是要从自身入手，提升自我，增加社会价值，才能做到真正的开源。所以，不要轻易压缩你对自身的投资。然而，我们都习惯性地选择用节流的办法来积累财富。可有调查表明，从长期的观察记录来看，一个人想要完成原始积累，光通过缩减花销其实并没有太大的效果，缩减花销是不太可能帮助一个人实现在财富和生活品质上质的跨越的。有的人为了省钱，不惜下狠手杀鸡取卵，截断了提升自我价值的回流，结果陷入"越想来钱，却越不得钱"的不良循环中。

正因如此，才会有"钱不是省出来的，是花出来的""钱越花越有"的说法。但这绝对不是意味着我们可以放开手脚花钱了，花钱也是有讲究的。有的人是越花钱越有钱，可有的人没花几下就捉襟见肘了。为什么会这样呢？我们来看看他们都是怎么花钱的。

C和D都是刚入社会不久的颇具文艺气质的女青年，她们薪酬差不多，生活开支也差不多。她们俩有一个共同的习惯，就是每半年要奖励自己一次旅行。行万里路长见识总没错，这是值得鼓励的。可是旅行的开销对于刚入社会的年轻人来说总归不是一笔小数目，几次下来，C便觉得有些吃力了。

D的情况却不一样，她似乎总能在旅行中收

获很多。她喜欢摄影，结交朋友，每次旅行回来，都会细细整理心得体会。随着旅行次数的增多，她也渐渐摸索出一套自己的出游前做攻略的技能，并将前前后后的许多作品发布在网络上与大家分享。慢慢地，D开始小有名气，甚至开始接到媒体的约稿或赞助，成为旅游达人。她的职业方向和收入也在悄然发生变化，小生活过得是越来越精彩了。

几乎是同样的基础，C和D却有不一样的走向。同样都是花钱，可D却能"越花越有钱"，可见C和D花钱性质是不一样的。C的钱是花在了娱乐消遣上，旅行对于她来说是一种生活的调剂，增长见闻的途径，并没有太多其他的目的。而D在旅行中超越了娱乐消遣本身，无论有意或是无意，在使用价值最大化的行为上她比C更进一步，不仅实现了自我的提升，还实现了价值回溯与增益。

当然，我们不可能将所有的事情都做到这种地步。花出去的每一分钱，都由主人设定好了性质和方向。有的钱就是用来找乐子的，图的是轻松愉快；有的钱是用来提升自我的，更看重的是回报。又想轻松愉快，又想有回报，这是不太实际的。认识清楚花出去的钱究竟要指向什么，再来考虑是否要对这笔花销进行调整是比较稳妥的做法。若是一开始花钱的时候就搞不清性质作用，抱有幻想，一遇到周转困难就急刹车，这钱倒花得没意思了。

　　我们每天都在花钱，钱都花到哪里去了呢？仔细想想，我们的钱一般分成两大类，一类用作生活成本，另一类则转化为固定资产或作为理财基础。生活成本包含了必要的生存成本，这是最为固定且比例不大的部分；其余的就是用于维持生活品质、教育、社交以及保险等内容的花销，这个部分的支出在一个稳定的阶段里也是相对固定的，是生活里幸福感的来源。许多人认为要想变得有钱就应该在生活成本这个类别里多下功夫，可正如调查所揭露的，这部分可调整的空间不大，效果不明显，是省

不出大钱来的。况且，压缩这部分开支，等于降低
生活品质，降低幸福感。真正可操作的空间是在生
活成本以外的部分，这部分的资金多用作储蓄和理
财投资，是实现财富保值增益最有潜力的方式。

2. 我们都花钱买了什么

"要想更好地掌控你的钱包，建议你从下
一刻开始记账，看看自己都花钱买了什么。"

"记账是为了训练、培养自己支配钱包
的能力。"

要想更好地掌控你的钱包，建议你从下一刻开
始记账，看看自己都花钱买了什么。记账就像是填
写生活这门课程的实验手册，可不能只是单纯地记
录你支付了什么。了解点小技巧，能帮助我们整理

出更加有效的"实验数据"。

在"实验"开始之前，我们首先要端正一下心态。现在有许多软件可以帮助我们轻松解决记账问题，还可以帮忙分析消费构成，提供钱包管理建议。如果怕麻烦，利用软件来记账是不错的选择。其实我们更建议采用传统的纸笔记录，这样更有个性，也更让人印象深刻，日后还可以作为那些奋斗岁月的纪念。很多人觉得传统记账很琐碎很麻烦，所以常常无法坚持。其实现在我们日常多使用移动支付，App本身就能记录每一笔消费，使用现金的情况不多，所以要详细记录下每一天每一笔花销其实并不是很烦琐。只需要每天睡前抽出短短的十分钟，翻看一下记录，回想一下今天的消费，基本上就能列出一天的消费记录了，可千万不要因为嫌麻烦而放弃。

其次，建议准备好一本专门的"实验手册"，也就是记账本。普通的笔记本就行。如果你心灵手巧，还可以把记账本做成时下流行的手账，不仅可以增加记录的乐趣，还可以成为独一无二的个人作品。

做好心理和物质上的准备后，我们就可以开始记账了。

第一阶段

周期：一周（须包含消费活跃且变化多的周末时段）

步骤：

（1）预算一周花销

先自行估算一周的花销需要多少钱，列举的项目越详细越好。可以按照传统的"衣食住行游购娱"的项目类别来预估，并形成列表，然后暂放一旁。

（2）记录每天的花销

记录尽可能详细，金额、用途、是否是计划内消费等，越详细越好。

（3）每天小结

　　每天结束前抽几分钟计算一下当日花销。

　　（4）一周总结

　　首先，对比预算与实际花销的差值。

　　其次，对比每日消费数额。留意工作日的花销走势是否平稳，若某日波动较大，回看详细记录，找出原因；留意周末花费与平日花费的差额有多少。

　　然后，计算单项花销的实际情况，再对比预算的数额。

　　最后，排查是否有特殊项目花销。

　　这一阶段的主要任务是看看我们对自己的消费是否有准确的预判。有了准确的预判才能有意义有效地控制我们的消费行为。当我们有了初步"实验数据"，就可以分析一下自己的消费行为了。

　　通过以上步骤，我们可以知道自己平日里花费最多的项目是什么，是平日的消费多还是周末的消费多，特殊花销的概率大不大，等等。需要注意的是，上述步骤中实际花销与预算的对比，若连续两次出现差额上下幅度超过预算30%的情况，则说明你对自己的消费习惯认知有偏差，要注意调整预算值。

在分析总结完第一阶段的账目后，我们对自己的消费情况认识更深了些。让我们带着这一阶段的经验，开始第二阶段的记录。

第二阶段

周期：一个月

步骤：

（1）预算一个月的花销

同第一阶段的操作，根据第一阶段得出的规律，罗列花销预算明细。

（2）记录每天的花销

记录尽可能详细，金额、用途、是否是计划内消费等，越详细越好。月结的项目支出单独记录。

（3）每周小结

每周结束前抽几分钟计算一下一周花销。留意每周的花销走势是否平稳，如有波动较大的，回看详细记录，找出原因。

留意每月总支出与预算的差距与变化。

（4）对月度消费分类整理

①将所有的消费按需求层次（必需花销、次需花销和低需花销）进行标记分类。

②将所有消费按期效类型（一次性消费、周期性消费和长期性消费）进行标记分类。

③计算每月一定要保证充足的固定花销有多少；计算需要准备多少的机动应急费用；计算每月有多少可缩减的开支。

这一阶段的主要任务是弄清楚钱花在了哪里，消费是否规律稳定，发现平时忽略的预算缺口，为制订更合理的消费计划提供依据，为培养长期记账习惯做准备。

若经过第二阶段记账仍发现预算和实际差距较

大，可多次短期重复以上操作。

经过以上记账操作，我们基本上可以知道自己平时花了多少钱，花在哪里，周期性的固定花销有多少。更重要的是，我们可以找出哪些是必要的、固定的花销，哪些是可花可不花的甚至是不必要的花销。我建议把上面两个阶段的记账实验数据的分析结果记录下来，提醒自己需要注意什么地方。并制定出几个关键性指标，如月度、季度的总花销不得超出多少额度等，然后将可支配的资金划分为几个板块，如固定开支、机动资金等，分段控制，专款专用，有效地把花销限制在可控范围内。

在对预算、花销以及需要注意控制的部分有比较清晰的认识之后，我们就可以从实验阶段转入长期操作阶段了。你需要记录的是：

①每月日常收入。

②每月花销预算。

③每月的固定支出：房租、水电费、通信月

租费等。

④日常支出：餐饮、交通、临时小额消费等。

⑤非日常支出：差旅费用等。

以上几项中，要留意①②两项的比例，还要定期统计③④⑤项支出占总收入的比例和变化。

另外，资产和负债情况应当单独统计，注意资产的本金和收益变化，将这部分账目与日常一般开销区分开来。

资产包括：房产、车产等固定资产；存款等流动资产；基金、银行理财等投资资产。

负债包括：房贷、车贷等长期负债；信用卡、花呗等短期负债。

刚开始记账时我们往往会发现自己的预估竟然比实际消费少很多，不禁惊讶自己日常开销之大。但只要经过一段时间的记录整理，你会发现你能逐渐找到控制的方法。还需要注意的是，记账是为了训练、培养自己支配钱包的能力，当你对钱包的支配已经形成比较稳定的行为模式时，再坚持记账意义不大，此时可以停止记账。总之关注自己的财产情况的目的就是做到量入为出，心中有数。

3. 找准花钱的风格

　　"只要你的消费决定是合理的、健康的，都值得鼓励。在消费时若能更多地考虑性价比以及匹配度，能让钱花得更值当。"

　　"如果你的风格指向的结果和实际理想目标有偏差，说明你在分配支出上存在问题，建议尽早调整支出构成。"

记账一段时间后，相信大家很轻松就能发现自己的消费特点了。有的人热衷吃喝玩乐，有的人喜

欢买衣打扮。近些年的消费调查报告显示，国人的消费已经出现越来越明显的群体特征，年龄、地域、性别等差异同样也体现在消费喜好上，不同的人群呈现出不一样的消费风格。比如70后偏向投资等大宗消费；80后普遍步入家庭，成为生活消费的主力军；90后偏爱时尚新颖的消费体验，在娱乐、旅游和生活品质上舍得花钱；等等。这些特征基本和每个人所处的生活、成长阶段相关联，有理所当然的规律，且具有普遍性。

虽说总体表现具有普遍性，但个体之间有差异。前文说过，如何花钱其实是私人的事情，如果你的消费和大众呈现出不一样的风格，倒也不是问题，有共性不代表不能有个性。不是说群体共同的特征就是绝对正确，不必盲目趋同。只要你的消费决定是合理的、健康的，都值得鼓励。在消费时若能更多地考虑性价比以及匹配度，能让钱花得更值当。总之，不管是大众派还是个性派，希望人人都能找到让自己幸福的消费风格。

　　金融学中有一种观念，认为花钱就是分配钱包。钱包有三种类型：消费钱包，投资钱包和投机钱包。顾名思义，消费就是我们最常见的用于满足需求欲望的消耗，我们生活中大部分常见的开销都属于这一部分。投资是为了增加收益而投入现有资本的活动，它包含对个人能力提升方面的投资，以及将资金投入各种理财项目的投资。投机就是做好了会亏损的思想准备的博彩行为，正常情况下占比小，期望小概率高回报，比如买彩票，一元购等。根据这三种类型在开支分配中的占比，我们可以定义消费风格，其中最常见、最典型的有以下几种：

　　①稳健型。

　　这种类型在分配上追求消费和投资保持平衡，消费方面一般较为稳定，投资方面倾向于低风险的理财方式，比如储蓄。极少涉及投机行为。

　　②乐天型。

　　这种类型在分配上向消费倾斜，不排斥投机，但没有多少能力在投资方面有作为。

③增益型。

这种类型在分配上向投资倾斜。

④未来型。

这种类型在分配上同样偏向投资，但多用于个人素质的提升、人际关系的维护或者提升时间效率，比如缩短工作地与居住地距离，抽出时间学习、健身、阅读等。这种类型在分配上也是向消费倾斜的。

不同的花钱风格其实指向不同的目的，不太可能出现乐天型的花销最后得到增益型风格会有的结果。通过记账，可以很直观地了解个人的消费特点。总结这些特点，分清分配比例，我们可以得到消费类型。如果你的风格指向的结果和实际理想目标有偏差，说明你在分配支出上存在问题，建议尽早调整支出构成。这就好比一位想充实自我以谋求更大发展的年轻人，花钱的风格却是稳健型的，那么他在实际生活中到底能腾挪出多少空间来提升个人素质就实在是说不准了。

4. 尝试新的打开方式

"新趋势的出现意味着市场为我们提供了更多的选择，我们可以把钱花得更值钱。"

———————— 🖩 ————————

社会日新月异，每天都有新的消费方式出现，消费趋势也年年不同。第一财经商业数据中心(CBNData)发布新一年的《生活消费趋势报告》显示，随着消费人群主体的改变和我国国民人均可支配收入的进一步提升，国内生活消费趋势出现较多新变化。调查对2018年的生活消费总结出八大趋势："单人的自我乐活模式"正引领一场全新生活方式的变革；"少年"养生潮流来势汹汹；生活便利正推动全民懒系消费增长；美食实现即想即得的零售化；养宠物大热但不再局限于"吸猫""吸狗"；"健康饮食+运动"成为反油腻妙招；网红店、网红商品越来越能"带货"；花式奶茶已成为全民"热"饮。这些新现象都在改变着我们的支出和生活。

这些新趋势的出现意味着市场为我们提供了更多的选择，我们可以把钱花得更值。多多关注消费热点，多体验些新的消费方式，千万别"走宝"了。比如单人经济的兴起让我们花更少的钱买到小而美的商品；懒系消费的背后是生活便利程度的提高；美食零售化让"下馆子"不再费钱费事；"她经济""他经济"等更有针对性的消费品极大地提升了体验与性价比……共享经济、二手经济、信用消费、拼单消费等消费现象大大降低了我们的生活成本，同时也让人们能花小钱就体验到丰富的消费生活。

小颖要结婚了，幸福的她开始着手准备结婚事宜。和许多女孩子一样，小颖也梦想着能拥有一件漂亮的婚纱，拍一套唯美的婚纱照，办一场热闹喜庆的婚宴，来一趟甜蜜的蜜月旅行。结婚这样的人生大事，当然不能马虎。为了让梦想照进现实，小颖夫妻俩多方打听，四处取经，希望经济实惠地达成愿望。

可是当账目预算出来的时候，小颖夫妻俩还是傻眼了。

小颖看上一件婚纱，想买下来，可婚纱的价格上万元。拍婚纱照普遍在5000元上下，如果要别出心裁则更贵。小颖夫妇两家计划举办传统的婚宴，摆酒20桌。按一桌费用3000元来算，光酒席就需要6万元。加上其他人工、物料、租车等婚庆费用，至少也要十几万元。小两口原本计划出国度蜜月，林林总总加起来，费用至少需要20万元。

于是小颖只好降低标准，重新盘算。想要的婚纱不买了，婚纱照也选择普通的，婚礼策划想自己包办，蜜月旅行也改成国内游。小颖觉得憋屈，可即便如此，计算下来也没省多少钱，依旧不是一笔小数目。而且按小颖所在地区的婚俗，不收来宾礼金，这就让小两口更加周转困难了。

看到需要花销这么大，小两口想要撤销婚宴环节。可双方家长不同意，认为结婚这么重要的事情，还是需要有仪式感，即便不举办宴席，也应该举办结婚仪式。一时间，小颖陷入了两难。

就在这时，一个新的概念闯入了小颖的视野——旅行结婚。简单来说，旅行结婚就是把婚纱照、婚礼和蜜月旅行一起办了，在旅行中完成这一重要仪式。选择经济的方案，整体10万元就可以拿下来，比原来的方案省下一半费用。小两口立马被这个时尚的结婚方式所吸引，在征得双方父母同意后，小颖兴奋地筹划起行程来。

最后，小颖夫妻在日本旅行结婚。独特的婚纱照，浪漫的婚礼，畅快的旅行，小颖都一一实现了。回国后，小两口将旅行结婚中的影像制作成视频邮件发送给亲友，邀请亲近的亲友一起吃了顿饭作为答谢宴，并将从旅行地买回来的小物件作为伴手礼赠送给亲友。亲友们都对小两口这一个性又经济的结婚方式赞不绝口，小颖觉得自己幸福极了。

5. 贵在坚持

"无论是会省钱还是会花钱，其实都是一种掌管财富的能力。"

"学习掌控钱财这件事，或许前期会感到很漫长很痛苦，但一旦开始就不要轻易结束，最贵的就是坚持二字。"

━━━━━ 🖩 ━━━━━

聚沙成塔，滴水穿石，钱都是一分一毫省下来的，财富也是一点一滴积累出来的。很多人觉得每次买个东西都要精打细算半天，就为了省个一元两元的小钱没意思。假设一天能够省下10元，一年就能省下3650元，如果把这笔钱用于投资，或者用来满足其他需求，那么你得到的，肯定比这3650元还要多。财富和物质的持续积累，基数越来越大，一期一期连本带利地增益下来，几年之后，"坚持耕耘"和"不拘小节"之间的差距就很明显了。

要相信积累的力量，时间会回馈你想要的。我们再三强调，积累财富的重点，不在于通过压抑委屈自己省小钱，该花的还是要花，重点在于长期持续打理的过程。无论是会省钱还是会花钱，其实都是一种掌管财富的能力。既然是能力，就能通过持续的训练来培养。就像弹钢琴，只有通过长时间的持续的练习，让所有的技巧都成为一种身体记忆和行为习惯，才能做到随心操控，才能创造，才能体验乐趣。

坚持就意味着长期的自制，长时间的自我约束是很困难的一件事，许多人在坚持一段时间之后就放弃了。正所谓行百里者半九十，其实从量变到质变的关键节点就在前方，但很多人被坚持带来的痛苦击退，空留遗憾抱怨。未达目的就放弃，可惜的不仅是再坚持一下就能触碰到的胜利果实，还有前期花费的所有人力、财力、物力，如果计算这部分的损耗，想必你会更加痛心疾首。更可怕的是，终止一项长时间坚持的行为，很有可能遭遇报复性反弹，就像有的人健身运动了一段时间停下来，反弹之后的形体反而比之前还差一样，一旦被约束的不良欲望失控，就会促使人们花更多的钱去给情绪找出口，让你得不偿失。

所以，学习掌控钱财这件事，或许前期会感到很漫长很痛苦，但一旦开始就不要轻易结束，贵在坚持二字。当然，也不能一味地闷头往前冲，偶尔停下来审视自己、调整步调也很重要。要学会分解过程，化整为零，给自己制定阶段性的目标，边修正边进步，可以有效地防止结果跑偏。待到功成，你得到的不仅是目标的财富，还有掌控财富的能力，这才是让你能持续增益的最宝贵的财富。

第三章

花钱花出幸福感

超值花销

1. 有什么理由不好好打扮自己

电影《穿普拉达的女王》里有一场戏，初入职场的女主角认为自己不会长时间在时尚行业工作，所以坚持学生时代不修边幅的打扮，认为这样是坚持自我。上司叱责了女主角的态度，告诉她打扮自己不是迷失自我，而是社会礼仪。"你用随便的穿着试图告诉世人，你的人生重要到无法打扮自己。"所以，还有什么理由不好好打扮自己？不是说一定要穿得摩登时尚，至少应该有得体的仪容，这是对他人、对生活的尊重。而且好好打扮自己，首先愉悦的就是自己。看着自己慢慢变好，心情也会好；心情好了，生活也会觉得舒心。

1）护肤

（1）用纯净水护肤

纯净水，或者蒸馏水，可以替代爽肤水用作洗脸后二次清洁和日常补水。加入精油还可以作为护肤水使用。家里有滤水机的，可用过滤后的水清洁面部，能让洁面产品发挥更大效用。

（2）护肤产品分早晚

白天使用的可以选择一般产品，保证基础的水乳步骤即可。白天最关键的护肤品是防晒霜（隔离霜），防晒做不好，再美也显老。现在有许多复合功能产品让人眼花缭乱，但最重要的还是防晒和隔离这两项，一款合适的防晒隔离霜基本可以满足白天的日常需求。夜晚是皮肤吸收营养成分的黄金期，使用的护肤产品可选择高级护肤品牌，以保养功效为主。

（3）男士护肤产品女生也可以用

男士护肤产品成分和一般产品大同小异，缺点是质地不够轻柔。但男士护肤产品味道轻，清洁和控油效果比一般产品要好，对于爱出油的女生来说不失为一种不错的选择。

（4）高级护肤品要用在对的地方

不需要所有的护肤品都买高级品，平贵搭配，钱包才吃得消。重要的是关键环节的产品要用质量好的，如精华和面霜，要舍得下血本，但也别失血过多。

（5）注意用量

不要因为高级护肤品价格昂贵就省着用。一来用量不足起不到改善、保养皮肤的效果；二来护肤品的最佳使用期是启封后的3~6个月，超过这个时间，即使没过保质期，效果也会大打折扣。

（6）警惕"特效"

许多护肤品都声称能达到某种或多种特定的效果，比如美白、祛斑、祛痘、紧致等，只要加了这些效果，价格就会翻番。事实上，要实现上述效果，目前只能依靠医学美容，再贵的护肤产品的效果也只是细微的，这就好比处方药和保健品的区别。而且这些"特效"产品往往存在重金属超标、滥用激素等质量风险。

（7）正确使用面膜

很多人误以为坚持敷面膜能改善肤质。其实市面上大部分面膜的改善效果只是短时间的，多作为应急使用，平时不需要囤积太多。比如熬夜之后皮肤状态不好，敷面膜能快速补水从而提亮肤色，也让肌肤更容易上妆。昂贵面膜与普通面膜相比，昂贵就昂贵在精华成分上，但一个人的皮肤在一定时间内的吸收力是有限的，东西再多再好，也要皮肤"吃得下"，否则就是浪费，所以不需要盲目迷信昂贵面膜。

（8）善用品牌活动

购买时多询问是否有品牌活动。平时可多索要样品，既能试用效果，还能方便旅行时携带。选择在节假日等促销活动多的时机购买套装产品更实惠。有的品牌有会员制度，多留意是否有会员优惠或积分兑换等会员活动。

（9）不要轻信网红产品

网红产品质量难以保证，往往不护肤反倒毁肤。皮肤是很脆弱的，一旦受损，极难逆转。

（10）护肤品不要只盯着高级品牌

现在许多品牌都是集团化经营，旗下有多种品牌线，共享内部核心技术，因此往往会看到同一集团旗下的不同品牌间，有些产品功效相近，但有的因品牌效应溢价高导致价格相差较大。平时可多留意网络上的测评。

2）美妆

（1）新手入门，别乱花钱

初学化妆，一般会下手比较重，化妆品消耗大，可选用平价产品练手。不必一步到位，可以先从简单的妆容学起，重点练习手法。

（2）好的底妆是妆容成功的一半

日常生活中，大部分时间的妆容都不需要太华丽，干净的底妆再加简单的腮红、眼妆修饰即可，所以不需要准备太多单品。

（3）巧用化妆品

比如口红可以用作腮红，深色眼影用作外眼线，用不同色号的遮瑕作修容，紫色的散粉当作高光粉，打粉底时注意晕染留出阴影位置可以省下修颜粉，等等。网上有不少美妆博主分享心得，平时自己也可以多加摸索。

（4）注意清洁化妆工具

有的时候觉得某些化妆品不好用了就想换，但问题很有可能是没有好好清洁工具导致的。定期清洁化妆刷，更换化妆海绵、粉扑等工具，能让化妆品保持最佳使用体验，也更干净卫生。

（5）尽量选择可自选定制的组合

比如有些眼影一盘包含好几个颜色，看上去很实惠。可是实际上里面有几个颜色几乎不会用到，还不如自选组合自己常用的单品，减少浪费。

（6）积攒些变废为宝的小技巧

比如用爽肤水拯救干掉的睫毛膏、破碎的粉饼，在粉底里加入精华增强附着力，用不同颜色的粉底调和出适合自己肤色的粉底等。

3）护理

（1）不要轻视"味道管理"

香水、沐浴露、护发素等带香味的产品可以定期换个味道，转换心情。注意存放，曝晒或潮湿会使产品变质变味。

（2）香体露、香氛可以替代香水

好的香水香气宜人，但价格不菲。其实可以选择和香水味道相近的香体露、香氛（淡香水，EDT）替代，对于不喜欢香水气味浓郁的人来说这是非常不错的选择，而且价格往往比香水要便宜很多。

（3）乳液多用途

寻找一款质地轻柔的乳液，除了日常紧急补水外，还可以充当护手霜、润发乳，旅行或应急状态下还可以用来卸妆。

（4）好的形体为你的气质加分

人们都说好的体态要靠健身来塑造维持。如果能保持健身的习惯那当然非常好，但是很多人没有时间也没有毅力坚持。利用生活中的小场景来锻炼是个省钱又健康的办法，比如利用办公室的桌椅做拉伸，上下班时提早一个站下车快速步行，看电视、刷手机时做些简单的瑜伽动作等，都是非常经济有效的轻健身妙招。

（5）吃进去的都表现在你的身体上

管好嘴巴，保持健康的饮食对维持良好形体和皮肤状态都有好处。高热量的、刺激性的食物尽量少吃，自律的生活习惯是最好的美容剂。

4）穿搭

（1）提升并保持衣品是一项没有终点的战斗

一般来说想提高衣品可以多参考时尚杂志，买明星同款，不过好的时尚杂志也不便宜，加上时尚是不停变化、需要不断跟进的，持续追下来也不是笔小数目。加上明星的衣服都是大牌，又有赞助，普通人消费不起。好在现在社交网络发达，平时多浏览些时尚博主或者街拍，一来可以培养自己的审美，跟上时尚的步伐，二来在看到适合自己的、喜欢的搭配时可以保存下来，然后找同款，价半功倍。

（2）打理好衣柜

是不是发现衣柜里总有些衣服如同鸡肋，食之无味，弃之可惜。其实衣服多买基本款就够了，基本款经典又好搭，使用率高，再搭配一两件当季流行单品，整体时尚又经济。

（3）买衣服最好成套购买

成套不单单指套装，还有搭配好的一套衣服。买成套的衣服，不要一时兴起买一件，当你没上衣搭配时买好了的裙子或裤子可能就要压箱底了。同风格的衣服可以多买几套，方便交叉组合搭配。财力还不够充裕时，鞋子和包买百搭的就行，这样能节省很多钱，又不会让你的衣品下降。

（4）找到两种适合自己的穿搭风格

保持一种风格略显乏味，衣橱里多增加几套不同于主要风格的衣服，偶尔转换一下形象，会让人有眼前一亮的感觉。

（5）慎用饰品

饰品用对了能起到点睛的作用，但是饰品不是那么容易驾驭的。如果要佩戴饰品，切忌繁多累赘，要与整体风格协调。购买饰品时一定要试戴，还要考虑和自己的衣着是否搭配，如果不合适，坚决不要购买，抵御住饰品颜值的诱惑。

（6）注意色彩的搭配

每年时尚界都会发布流行色，但不是所有颜色都适合自己。初次尝试新颜色时一定要试穿，看是否合适。平时穿搭不建议使用太多颜色，花纹同理。有人说一套成功的穿搭一般不超过三个颜色。穿搭要强调整体的协调感，比较跳脱的风格，比如朋克风、撞色之类的，日常生活中不建议穿着。

（7）正确看待奢侈品

奢侈品其实带有艺术品性质，和实用、耐用没有必然联系。正确看待奢侈品，不要盲目追求。实在是需要奢侈品牌又还没有能力购买时，可以尝试租用服务。现在有不少提供高级成衣租借的渠道，能让有需要的人花少量的租金穿上最新的名牌。不想租借的，还可以尝试购买二手奢侈品，也会更值当些。但有些奢侈品足够经典又限量，二手价格或许比一手的还要高。购买奢侈品一定要量力而行，否则只会奢侈了你的虚荣，却困顿了你的生活。

2．抵食和饮

民以食为天。可以说我们日常的花销，绝大部分是用在吃喝上的。我们不仅要吃得美味，还要吃得健康。能美美地吃上一顿，恐怕是日常最简单幸福的事了。

1）餐厨

（1）在家做饭

厨房里的烟火气，是一个家最温暖幸福的味道。多在家里做饭，减少外食，健康又经济，不需要饭菜有多丰盛，即使是简单的小菜也能满足你的胃口和心灵。

（2）注重厨房收纳

整洁明亮的厨房能让下厨这件事幸福感翻倍，

琳琅满目的视觉也会给人丰实的美感。现在有许多家庭采用开放式厨房设计，厨房的收纳就显得更加重要了，它是展示主人生活品质和格调的重要区域。外置的物品应摆放整齐利落，琐碎的小物品分类后利用各种收纳神器藏进柜子里。

（3）谨慎入手厨房电器

生活品质提高了，各种样式、各种功能的厨房电器层出不穷，除了已经成为我们厨房基本电器的电饭锅、微波炉、烤箱等，还出现了蒸烤箱、空气炸锅、料理机等厨房电器，它们在诱惑着每一个热爱厨房的人。但是，厨艺在手不在器，千万不要图新鲜购买使用频率不高的电器，不好收纳又浪费钱。使用频率高的耐用品，尽量选择功能简单的产品，因为日常基本只会使用一种特定功能，机器功能简单也不容易坏。

（4）打理冰箱

存放食物要遵循物品特性，分类存放。冰箱存放食物有许多需要注意的地方，例如像番茄这类蔬菜就不适合放入冰箱，东西堆放过多或过少都会造成冰箱反复启动浪费电等。

（5）打理储粮

留意食品的保质期，定期清理物品。根据家庭的消耗囤积食材，过期变质的食物绝对不要再食用。很多人可惜食物，觉得刚过期不久的食物还可以吃，结果吃出毛病来。部分过期食物还能在别的地方重复利用，如果不想浪费，可以上网搜索是否有废物利用的方法。

（6）利用器物美化生活

准备一套漂亮的餐具、茶具，能让你的餐厨加分，美感加分。现在还有很多家庭在普通日常餐具的基础上添置一套装饰性较强的餐具，平时可以摆放在展示柜里作装饰，特殊餐会时使用。

（7）家里要有餐桌

吃饭是一件很重要的事情，需要点仪式感。有人说，不管大小，一个家里总要有一张专门的餐桌。坐在餐桌边吃饭，是一件可以带来幸福感的事情。提升餐桌的质感也不需要花很多钱，只需给餐桌铺上一张简单干净的桌布，摆上一两件小摆件，一个温馨美好的角落就营造出来了。

2）外食

（1）新店开业优惠多

新店开张，店家通常都会为了吸引客源推出各种优惠活动，而且往往会是过了这个村就没这个店的超值优惠。趁这个时期进去尝鲜不会让你吃亏的。

（2）节假日优惠别错过

节假日是每个消费行业都必争的黄金期，这时候也常常会有特色餐品推出，比平时更抵食，像情人节的情侣套餐，暑假的家庭套餐等。此外，不少店铺会有会员活动或者周年活动，在这些时机就餐能省下不少钱。

（3）网络优惠花样多

互联网时代为我们提供了更多的便利、更多的优惠途径，像风行一时的团购、App优惠买单，现在常见的消费红包、拼单砍价等。还有很多连锁品牌会推出自己的手机软件或服务账号，里面长期提供优惠券、特价餐等优惠信息。

（4）点餐也有省钱的办法

不少餐厅会提供超值套餐，套餐内餐品的总价会比单点的总价低不少。如果不喜欢固定的套餐，那么点餐的时候要注意菜品的搭配和自己的食量。很多人在外面吃饭会好面子，点了一桌子都是硬菜大菜，价格贵又吃不完。现在提倡光盘行动，吃多少点多少，吃不完的打包，而且合理的搭配能让你吃得更舒适健康，更经济环保。

3）零食

（1）零食只是对消耗的临时补充

现在有不少人偏爱零食，甚至正餐少吃或不吃，靠吃零食替代正餐，甚至觉得这样可以减肥。其实这是个很不健康的习惯。很多零食热量高但营养价值低，不能减肥还会损害身体。

（2）零食还可以作为装饰品

有许多散装零食包装设计十分漂亮，搭配一件合适的盛具摆放在办公桌、书桌、茶几上，能营造出不一样的氛围。

（3）饮品虽好，但不要贪杯哦

饮品消费已经成为一种时尚，街头有各式各样的奶茶店、咖啡店，虽然店里单品的价格不菲，但都不乏帮衬者。有研究称这类饮品能补充人体所需的糖分，使人心情愉悦或兴奋，难怪越来越多的人对奶茶、碳酸饮料之类的"味道水"爱不释手。不过需要注意的是，这些加工过的饮品不少是属于高热量食物，喝多容易发胖，浓郁的味道也会刺激味蕾，导致胃口不畅。

（4）自制饮料更健康

白开水乏味，加工饮品又不甚健康，那么我们可以试着自制饮料。从最简单的各类冲泡茶、花茶、养生水，到复杂点的复合果汁、蔬菜汁，再到有点讲究的咖啡、奶茶，都可以自己学着调配。市面上有不少家用饮品制作机器可以帮助我们自制简便可口的饮品。

4）外卖

（1）选择有实体店的外卖更保险

外卖方便又实惠，现在成了很多年轻人解决日常吃饭问题的首要选择。但是外卖出品店毕竟和我们隔着网络，我们不知道其真实的卫生情况，所以选择有实体店的外卖更加安全。目前主流的外卖平台都要求必须有实体店才可以加盟外卖服务，这一定程度上保障了吃客们的饮食安全，但还是要谨慎选择。

（2）利用会员制度

如果点外卖的频率高，可以成为会员，这样可以节省运费。不少外卖平台推出会员优惠政策，只需缴纳一定金额的会员费用，就可以免除运送费用，或者赠送优惠。

（3）多人点餐更实惠

不少外卖都有满减活动，总价越高，减得越多。多人拼单有时还会有额外餐品赠送。一个人吃外卖太寂寞，招呼亲朋同事一起吃吧。

3. 关于宜居的小追求

家，是一个人最重要的生活空间，一个温馨舒适的家对一个人来说意义非凡。我们在这里休憩、学习、工作、生活，这里承载着我们的泪水与汗水、喜悦与困惑。家庇护着我们，我们也在塑造着家。

1）安居

（1）租一间心仪的房子

租一间心仪的房子，不是一件简单的事情。首先要考虑租金问题。通常的建议是，租金不要超过收入的三分之一。如果你月薪5000元，那么你可以租个1600元一个月的房子。各地情况不同，如果在广州，这个价位可以在小区里租到一个房间，但需要和别人合租。如果不想和别人合租，则可以选择在外来人口比较密集的区域或者老城区的旧房区域租到独户，但周围环境就相对较差。如果你的月薪低于5000元，那么租住的房子只能降低标准了。接着要考虑地段问题，能租在公司附近固然最好，但是一般企业集中的地方，房租也贵，而且有的房东胡乱改造房型，存在安全隐患，因此要谨慎选择。我们可以以公司附近的交通线路为参照，在能方便通达公司的路线上找房子。要选择生活气息浓厚的地段租房子，方便日后利用公共资源，生活会更加便利。

（2）房子是租来的，生活不是

这句话想必大家都听过。因为各种限制，或许我们只能租一套差强人意的房子，但我们可以通过改造出租房，打造温馨舒适的居住空间。网络上有不少达人分享的改造经验都可以参考。总的来说，改造出租屋有如下几大绝招。

①重新粉刷墙面。

②无论你喜欢哪种风格，简约主义在改造出租屋时都是首选，简约甚至极简主义的家具给人干净、清新、轻盈的视觉感受，价格也适中。

③利用灯光和装饰提亮空间，用花草木植给空间提气。

④保持房间整洁通透，物品多的可以添置大柜子将杂物都收纳进去，留出活动空间，避免拥挤。

（3）当你决心买房子时，要有重启生活的准备

因为购买了属于自己的房子，当初很多租房时不用操心的问题都接踵而至，很多生活习惯也要随之改变。加上买房子后，房贷等支出的变化，消费也要更有规划性。甚至会有一段时间，你会被剧烈变动的开销打击到苦不堪言，感觉千头万绪难以为继。重启是一个痛苦的过程，坚持住，

往后的日子将会慢慢变得轻松，美好的生活就在不远处等待着你。

（4）同一小区的房子，价格也会有差异

如果手头比较紧张，可以挑选比较便宜的房型。一般来说，最高两层和最低两层的价格比较便宜，朝北的比朝南的便宜，临街的比中心的便宜。如果按单位价格便宜2000元，面积100平方米计算，则可以省下20万元，这对于预算比较吃紧的家庭来说已经不少了。当然弊端也是不可避免的，但我们可以通过装修来改善。

（5）买房子时要注意生活成本的预算

如果贷款买了房，每个月除了要留出固定的房贷还款外，还要留意物业的费用。公摊的水电，物业管理费，车位管理费等，加起来每个月也至少要多出几百元的固定支出。在安排资金周转、分配钱包时要记得把这一部分花费考虑进去，留出足够的弹性空间。

2）美居

（1）小心装修这个吃钱的怪兽

房屋装修要花很多钱，有人算过一个数，一套新房最普通的装修平均也需要十万元。然而这又是一笔降不下来的并且不得不花的钱。装修中很重要的工程，比如水电的管线，地板吊顶的铺设，都是"内在"的工夫，成形后都隐蔽在难以接触到的部位，这部分材料一旦发生故障，则需要耗费许多时间精力去维修，所以前期装修切忌贪图便宜而购买质量不到位的装修材料。此外，占据费用大头的是人工费用，在工程类的专业工种上我们或许没办法节省成本，但有些简单的操作可以试着自己来完成，比如墙面打孔、刷漆、拼装家具等，可以从中节省出一小部分人工费用。

（2）规划好生活的动线

一个好的装修设计，应当充分考虑居住者的生活动线，根据生活动线，划分区域，设计家装。当你的房子还处于"家徒四壁"时,可以在里面预演自己的生活活动路线。注意,必须是每个角落都要辐射到,从而初步规划出每个空间的功用,然后根据这个动线规划管线、照明、家具、电器等。厨房是最需要注意动线的区域,如果前期设计时没能充分考虑动线和细节,日后实际使用时会觉得手忙脚乱,碍手碍脚。

(3)厅的装修

厅,是房子的开放空间,是汇聚亲朋好友进行情感交流的地方,因此厅的颜值和氛围十分重要。现代家居通常把厅分为门厅(玄关)、客厅、餐厅。在房屋装修中,人们往往重视客厅的装饰和布置,忽略了对门厅的装饰。然而,门厅是进门的第一个空间,反映了主人和空间的格调,是给人带来第一印象的关键点。考虑到门厅最常用的一项功能就是更换出入的穿戴,所以大多数家庭都会用组合鞋柜来装饰门厅。用鞋柜来装饰门厅,可以同时实现储物、隔断、装饰的功能,既实用又省钱。在鞋柜上加上画框、植物、摆件等装饰品，能增加空间的情调。小空间柔和的照明还能使门厅变得活泼。

在传统观念里，客厅和餐厅是一个家最重要的门面，因此不少人会花大价钱装修客厅和餐厅，采用豪华的天花板和墙面设计，购买昂贵奢华的家具，大家都笑称这是KTV包厢风格。其实，less is more（少即是多）！格调不是靠堆砌出来的，用较少的花费也能做出有品位的装修。用整体家具代替电视背景墙，用肌理涂料或颜色变化装饰墙面，用开槽或贴面等方法在墙面做出线条或几何图案的设计等，都是简单省钱的装修方法。还有的人敢于使用更加个性的风格，墙面只做简单处理，不铺设瓷砖或木地板，采用水泥自流平地面，用简单的铁艺做隔断等，每平方米的装修造价甚至可以控制在百元以内。

（4）房间装修

房间不同于厅，是相对私密的空间，所以装修最重要的原则就是让自己舒服。越是"贴身"的物件，就越要舍得花钱，若是要控制预算，则可以试着降低对不太"贴身"的物件的要求。以卧室为例，床垫选好的而床架保证稳固就好，梳妆台选好的而床边桌甚至可以省略。衣柜是卧室里最重要的大件家具，最好能根据自己的衣物情况定制衣柜，尽可能地多收纳。有条件安排书房或客房的，要注意房间的情境转换设计，在窗帘、照明、隔断上多花心思。

（5）厨卫

厨房和卫生间可谓是装修费用开支的大头之一，尽管只是小小的空间，但由于这两处是涉及水、电、气最集中的地方，也是关乎全家安全和居家生活舒适度的关键区域，所以在房屋装修时都花费不菲。

在厨卫装修中要省钱的话，可以采用"地面不省立面省"的方法。无论是卫生间还是厨房，建议首先都应该做好防水，千万不要在这一点上省钱。厨房和卫生间的地砖可选择比较好的品牌产品，而墙砖则可以选择一般的，由于地面只有一个面，而立面有四个面，这样节省的资金还是可观的。

其次，"墙内不省墙外省"。厨房和卫生间的内埋管线比较多，而这也是出现问题后维修最为麻烦的地方，为此对于埋入墙内的电线和水管一定要选择达到国家标准的产品，电线做到套管，水管建议走顶棚，这样既可减少问题发生，也容易检修。

再次，在做整体橱柜时，应该根据自己的实际需求选择合适长度的地柜与吊柜，不要为了增加储物空间而盲目地填满厨卫空间。否则可能做成后，有些吊柜和地柜根本用不上，造成不少的浪费。

此外，多做功课，了解产品和做工，选对的不选贵的。由于各种卫浴产品和厨房电器花样繁多，价格从几百元到几万元，差异巨大，建议找懂行的人帮帮眼，选择经济、美观、耐用的卫生洁具和厨房电器。

最后，要注意区域划分和动线控制。卫生间要注意干湿分离，预算有限的，可以采用砌挡水条加浴帘这一最简单经济的办法。厨房的橱柜设计应该有条理，储物区、备菜区、水槽区、烹饪区这四大区域应当按操作顺序明确划分开，避免使用时动线混乱。

厨房装修需要注意的小细节

①橱柜功能最大化。

厨房里由于各种餐具、厨具大小不一，混放的话拿取很不方便，因此橱柜要多做分隔，将各种餐具分类存放。橱柜设计不要浪费柜体内转角空间，那里也能用来存放不常用的厨具。橱柜设计和厨房的其他部分设计应该同时进行。

②台面设计要合理。

通常操作台的高度是80~85厘米，但最好还是根据最常使用厨房的主人的身高来设计台面高度。台面要选用防火、防水材料，最好选择方便清理的。橱柜背面要做挡水板，防止水流到橱柜背面，造成膨胀、开裂、脱落的现象。

③多预留插座。

现在厨房电器越来越多，在设计厨房时要考虑到日后有增添厨房电器的可能，多预留插座位置。特别是水槽下方，可以预留插座用于日后安装净水设备或者厨余处理设备。

④管道设计要合理。

厨房内的所有线路（水、电、气）应当统一设计安排。特别是燃气管道走线要考虑安全性，避免太多弯绕，避免和其他线路交叉。

⑤油烟机高度适中。

由于中国的家庭基本都是采用煎炒烹炸等烹饪手法，油烟比较大，所以油烟机要选大功率的。安装高度要适中，正常安装位置是距炉灶上方80厘米处。不同款式的油烟机在此范围内，抽烟的效果相差无几。

⑥预留冰箱位。

想来大家也不想精挑细选的冰箱买回家，却因为尺寸问题放不下甚至打不开门。为了避免这种尴尬的事情发生，一定要先预留冰箱位置。不仅要考虑高度，还有厚度，留出散热的空间。最好不要让冰箱挨着水槽，以免发生漏电事故。

⑦瓷砖铺设要注意。

地砖最好选用防滑、耐脏的，同时注意做工，接缝尽量小，以免藏污纳垢。厨房的地面应该有地漏，方便日后地面清洗和排水。而墙面的瓷砖最好选择浅色系，看起来明亮光洁。同样要注意做工，不能留太多缝隙。烹饪区可以不铺瓷砖而铺设油烟板，防止日后油烟污染瓷砖墙面而不雅观。

（6）家具选购

家具的选购首先要注意的是环保问题，选择大厂商的家具比较有安全保障。家具最容易出现的问题就是甲醛问题，而一般家具甲醛的来源是胶水和油漆，所以选择少漆或者不上漆的拼接家具可以降低甲醛超标的风险。原木家具价格比较昂贵，且显得比较笨重，所以可以适当挑选其他材质比较轻盈又便宜的家具组合。购买家具要注意风格的统一，如果怕搭配效果不好，可以选购一整套同一系列的家具产品，既省去挑选搭配的麻烦，还能和家具厂商商谈折扣优惠。

（7）轻装修，重装饰

减少大动干戈地装修，采用软装来装饰房子，是现在很多家庭的选择。轻装修有很多好处，首要的就是能省下很多硬装费用。其次轻装修意味着少采用或不采用不可变动的家装，当我们想要变换家中环境风格的时候可以不必大动干戈，只需要更换家具和装饰物即可，最大限度地保留了空间的灵活性。重装饰意味着家居在设计和功能上要强调统一性，整体规划，合理布局，体现设计感。千万不要想一出是一出，弄得像拼盘一样，导致空间在视觉上被不协调的风格割裂，显得凌乱又没有逻辑。如果要采用轻装修重装饰的方法布置家居，又实在把握不住艺术感，那么照着网络上的样板图来购置、摆放是比较保险的办法。

（8）慎用复合功能的变形家具

寸土寸金的社会，小户型十分受欢迎。为了最大程度地利用小空间，许多复合功能型家具应运而生。像柜式折叠床，翻折式梳妆台一类的家具。这类型的家具节省空间，一物多用，受到不少设计师的青睐。不过选择这类型家具还需谨慎，如果家具的次生功能只是作为应急补充的，则可以考虑采用。关键的"大家具"，比如床，餐桌一类使用频率高的家具不宜采用多功能的设计。试想一下，当你辛苦工作一天回到家，本想好好地躺下休息，结果还要腾挪空间把沙发变换成床铺模式，想想都觉得疲惫。

3）乐居

（1）打破常规，创造个性空间

谁说一个家最大的空间就该留给客厅？谁说主卧就不能改作休闲区？打破传统思维，重新定义空间，你会获得独一无二的个性家居。有的人将大长桌摆在原本客厅的位置，放弃笨重的沙发，将个人工作室和会客功能结合，空间清爽又文艺。有的人将主卧打造成家庭影院，有的人将衣帽间改造成小型图书馆……只要你放开想象，巧妙设计，都能为你的爱好找到"安居乐业"之所。

（2）不要浪费阳台这块好地方

阳台一般是家中与自然环境最融洽的空间，如果只是用来晾晒衣物就真的太可惜了。阳台其实是非常百变多用的空间，特别是对于小户型来说，多出一米的阳台就多出了无限可能。

①利用阳台打造小型花园。

在阳台摆弄植物，是最常见的做法。要想把阳台布置得好看，你还需要一些辅助工具。在大花盆外套上牛皮纸袋或编织袋，能增添文艺气息；小盆栽数量多些，码放在一起会更显生机；利用植物架、花槽、墙面搁架等园艺家具摆放植物，充分利用小空间；准备一两张户外的桌椅或吊篮，阳台也能成为休闲会客的绝佳场地;夜晚利用户外灯笼、蜡烛、串灯等装饰品,能营造别致浪漫的氛围等。花园阳台的布置体现着主人的田园情趣,有的家庭甚至将东方传统园林艺术浓缩收进阳台空间,小桥流水意境满点。

②利用阳台打造洗衣房。

对于喜欢操持家务的主人来说,晾洗是一件能带来愉悦感的事情。在阳台原本晾晒功能的基础上,增加浣洗功能区间,将洗衣机、晾晒工具、洗手台、清洁用品、五金工具等统统收纳进去,减轻室内收纳的压力。由于阳台属于半室外空间,在打造组合家具时,材料的选择就要注意了。选择砖石料未免稍显笨重,如果空间不大,建议使用防腐木或各种新型塑料材质,根据预算灵活调整。

③利用阳台打造书房。

一般来说,阳台是整间房子光线最好的地方,用来做工作间、学习间、书房等需要有良好阅读环境的空间非常合适。因为阳台空间相对较小,搭配桌椅之后更有利于形成专注的独立空间，所以也有不少年轻人很喜欢在这种环境下工作学习。如果想要打造阳光书房，需要注意的是光线调节和噪声的问题，或许这部分需要有超出室内同类部件的预算。

④利用阳台打造多功能空间。

对于只有一居室或两居室的超小户型来说，想要再腾出一个用于接待客人留宿的空间实在是太困难了。而阳台可以为实现这个需求提供可能。榻榻米地台，翻折收纳进墙体的隐形床等家具可以解决大部分问题。但这类家具需要定制，根据材料、设计、配件的不同，价格的差异较大。

4）收纳

（1）用尽空间

要知道你的房子比你想象的能装。居住的时间久了，东西也多了起来，慢慢地感觉越来越没地方放了。即便是把该扔的扔了，买了一堆收纳用品，结果还是觉得不得章法。其实房子是立体的，除了我们经常活动的区域，墙面、转角、家具底部，都能成为收纳空间。

以墙面收纳为例，利用靠墙到顶的大柜子或者固定的搁架能最大限度地拓展收纳空间。假设将一面2米长的墙做成集中收纳的柜子，按平均柜体进深50厘米，柜高2.9米算，那么就能有足足2.9立方米的空间，最多可以容纳2900升的物品。只要充分利用每一寸空间，这个容量可以装下一个普通三口之家的所有衣物。

（2）收纳的关键在于分类和科学叠放

很多人一提收纳，就理解成要买一堆盒子、袋子之类的收纳用具来把东西装起来。虽然用容器分装的确能让物品摆放更加整齐明晰，但是收纳用品本身就会占用一部分空间，而且价格也不便宜，反而造成不必要的浪费。想要做好收纳，最好能做到以下几点。

①物品分类，置放分区。

收纳的第一步，就是要把所有的东西都清理出来，把不要的扔掉，再按材质、大小、是否常用等标准分类整理好。然后就按照自己物品的分类情况划分置放的空间，把常用的放在触手可及的地方。

②压缩空间。

若使用真空压缩袋、衣物收纳袋一类的收纳用具，可以挤出空气间隙压出空间。如果需要购买收纳用具，应当量好尺寸，选择尺寸契合的收纳组件，尽量不留缝隙空间。多选用材质比较软的收纳用具对物品间隔分装，材质较硬的用具用来作外层的保存和塑形。

③科学摆放。

基本原则是上轻下重，方便取用。同时物品的堆放要注意防潮、防霉、防虫，要照顾到日常的清洁操作。像床底收纳应该选用方便抽拉的收纳用具，以方便清洁除尘。

④标记内容。

有时候东西太多不记得放哪里了，而查找起来又要一个个翻找，十分麻烦。整理收纳完成后，可以在已经打好包的收纳容器外贴上标签，标记好里面的内容，这样日后只需要查看标签就能快速找到要找的东西了。

（3）收纳也可以是一种乐趣

很多人觉得收纳是一件辛苦的家务活，可有的人却认为是一个自律的过程，它能帮助我们整理生活，改善空间，提升自制力。当收纳完成，看着整洁有条理的居住环境也会很有成就感。

4．花钱真娱乐

结束了疲惫的工作，终于可以轻松轻松，投入丰富多彩的娱乐生活了。每个人都有自己喜欢的娱乐休闲方式，有宅家里沉浸在兴趣的小天地的，有出去"浪"的，有缓慢优雅的，也有惊险刺激的。只要是能让心情变得轻松愉快的，不妨都来体验体验。

1）休闲

（1）慢休闲

闲暇时去看看电影、话剧，到咖啡店里闲聊、阅读，到博物馆、艺术馆看看展览，到书店、图书馆来场思想的旅行……这些节奏缓慢的休闲活动最受大众欢迎。

①购票优惠。

在各种渠道的优惠下，看电影不是什么需要花大价钱才能有的享受，看电影已经是人们日常生活中很平常的休闲活动了。一般我们看电影，用手机软件购票，基本都能有比较优惠的折扣，平均三四十元就能看一场电影。此外，利用信用卡、首映活动等途径也能获得较大的折扣。不同影院会因为设备、环境的差异价格上会有所不同，观影体验好的自然贵上一些。如果想要更超值地观赏影片，普通的剧情片选择票价便宜的小影院也没问题，画面精美的大片还是花多点钱到设备更好的影厅，才能得到更佳的观影体验。

话剧、舞台剧、音乐剧、演唱会等文艺演出活动能给出的优惠空间不多，通常只针对某些特定群体有优惠价。文艺演出的票价基本上都有划分等级，如果只是想到现场感受气氛，对舞台细节要求不高的，可以选择做"山顶的朋友"，这样消费会低一些。但我们也注意到这样一个现象，通常演出票一开卖，价格较低的票都被抢光了，想买也买不到。目前黄牛倒卖演出低价票的情况还比较普遍。如果实在是想观看演出，又囊中羞涩，在演出开场后十分钟左右找门口黄牛杀价，也是一个不太提倡但是也无可奈何的办法。

②消费优惠。

如果习惯在某一家商店消费，可以考虑加入它的会员。商家一般都会给会员更多的折扣和福利，有的还有积分兑换制度。消费越多，优惠越多。但是要保持理智，不要被会员促销优惠迷惑，消费多余的东西。

③超高性价比休闲。

没有什么比去图书馆、博物馆等公共服务场所休闲更高性价比的活动了。这些公共服务场所一般都是免费对公众开放的，不仅环境好，还能增长知识见闻，难怪现在越来越多的年轻人把图书馆、博物馆、艺术馆作为约会圣地。

（2）娱乐游戏

机动游戏、桌面游戏、卡拉OK、密室逃脱等娱乐活动也深受大众欢迎。游戏类娱乐活动多是受年轻人喜欢，而卡拉OK则受到各个年龄层的喜爱。现在的KTV发展出好几种经营模式，还会推出各种附加服务（如自助餐、按摩、个性酒吧等）来吸引顾客，哪一种更超值，要根据人数和时段来判断。要想知道身边哪家KTV更好，恐怕只有逐一询问价格后自行比较才能知道了。一般来说，这种需要商家提供设备才能进行的娱乐活动都有场次之分，工作日的白天为淡市，收费比较低；晚上和周末为旺市，价格要高出不少，热门店铺甚至要提前预约才能消费。

　　游戏娱乐活动讲究气氛和互动交流，要多人参与才有意思。当然不是说朋友不够多就不能去玩了。现在很多社会活动团体都会策划交友活动，大部分活动的内容就是这类型的游戏娱乐活动。平时多参与这些活动，既能娱乐，还能结交新朋友。

　　很多人喜欢打游戏，特别是在电竞行业被国家承认以后，打游戏不再是以前长辈们口中的不务正业的行为。在游戏中消费也被越来越多人接受，大家称之为"氪金"。加上"氪金"往往能获得更畅快的游戏体验，更容易通关，所以有一定的"中毒性"。有不少人过分沉迷游戏，大量"氪金"，在一款游戏上花费成千上万元的都有。在这里，我们强调：游戏为娱乐，"氪金"要适度！给多点耐心，靠自己的力量通关会更有成就感。如果"氪金"了，一定要记录好自己的消费行为，给自己划定一个上限，时刻提醒自己不要过度消费。

（3）运动

我们这里说的运动健身，不是平时公园小区里简单的锻炼，而是实打实的体育活动，像跑步、登山、钓鱼、打球、水上运动、冰雪运动等。参与这类活动，需要有专门的场地和专门的装备。当然我们不强求民众做到运动员一样的专业，国家鼓励民众开展体育运动，所以大众参与体育锻炼的门槛并不高，只要有兴趣，花点小钱就能感受运动的魅力。

体育运动有很多项目，无论你是喜欢飞檐走壁，还是水中畅游，总有一款适合你。即便不喜欢运动量大的，还有棋类、钓鱼等佛系风格的运动可以尝试。有些运动比较亲民，像跑步、羽毛球等，平时随意玩玩，基本上不需要花费多少钱。而有些运动被称为贵族运动，主要是因为场地和装备的入门门槛比较高，像高尔夫、帆船等。其实所有的运动都是越专业越深入就越烧钱的，有些运动项目虽然入门门槛高，但是不代表我们不能接触。现在有不少贵族运动都推出了大众化的、简化的形式，或者组织大众体验活动，让普通市民也能接触到不同的体育项目，感受来自不同的运动项目的乐趣。

开展体育锻炼，就需要准备一定的运动装备。现在不少运动场馆都提供器材租借服务，如果频率不高，且对器材没有太高的要求，使用租借的器材就可以了。如果喜爱这项运动，想要更好地体验到乐趣，最好还是自备器具。运动器材都是分档次的，为了不破坏体验效果又不伤钱包，初学者在挑选装备时最好选择中间档次的，这样运动时也更安全更容易上手。即使日后水平见长，中间档次的器材也能适用，不用频繁更换。

2）旅游

读万卷书不如行万里路。出门游玩，已经是许多人有钱有闲时首选的休闲娱乐活动了。富有富旅，穷有穷游。其实，只要有一颗对旅途向往的心和一双发现美的眼睛，就一定能收获美好的回忆。

（1）旅行前要做准备

来场说走就走的旅行，的确很酷。可这样心态下的旅行，多半是一场冒险。旅行前最好还是要有所准备，漫无目的地旅行很容易落入当地的旅游陷阱。如果你一下子很有出游的冲动，不完成这个突击旅行的念头就不舒服的话，尽量选择熟悉的地方，比如可以选择周边游、近郊游，或者再去一次你去过的地方。

现在大家旅行都偏爱自由行。自由行前必备的功课，自然是查看攻略和提前安排吃住行了。交通、行程、景点、住宿、地图等都要一一确认好，估算一下总共的花费，量力而行。现在还有不少旅行平台提供半自游行服务，就是旅游公司帮你安排好交通和住宿，行程自己决定，这也为不想跟团又苦恼于交通住宿问题的群体提供了便利。而且从这类平台上预定，还能获得个人预定享受不到的折扣优惠。旅行前的准备基本完成后，要算清楚账目，规划好预算。预算不多的，可以适当压缩行程，千万不要为了穷游而穷游。要记住，旅游的目的是让自己满足，而不是让自己受苦。

如果没有精力和时间去组织自由行，那就选择传统的跟团游吧。只需要和旅行社确定好路线、行程和费用，跟着导游走就是了。跟团游要注意的问题想必不用多说大家多少都了解过，总之要坚定自己的态度，只消费该消费的，维护好自己的权益。

（2）尽量选择错峰出行

旅游旺季，热门旅游地人山人海，各种和旅游相关的物价也居高不下。好不容易旅游一趟，结果身体和钱包都要被掏空，旅游体验也不好。城市交通提倡错峰出行，旅游也一样。错峰出游有两种，一是在旺季去人少的地方，可人少的地方旅游资源开发相对落后，比较难满足休闲娱乐的需求；二是在非旺季出行。

利用带薪休假在非旺季出游，旅途会舒服很多。现在的企业职工一年至少有5天年假，如果在一周内休完，加上前后的周末，可以有整整9天的时间，完全足够来一场悠闲又丰富的深度游。而且非旺季，交通和食宿都能保持正常价格，甚至还有意想不到的折扣价，能为你的出行省下不少预算。选择非旺季出游，或许赶不上旅游地最佳的赏玩期，但不同的时段也有不同的美。即便自然景色有遗憾，还可以感受人文景观。要相信，旅行的意义不仅限于感官上的体验，更在于身体和心灵的放逐与回归。

（3）住宿不一定非在酒店

"青年旅舍""民宿""汽车旅馆""沙发客"等名词其实并不是什么新兴概念，国外已经有相对成熟的市场，近年才在国内兴盛起来。这些事物的出现，给旅行住宿提供了更多的选择，而且还能给旅行者带来完全不一样的旅行体验。很多年轻人穷游时选择居住在青年旅舍，一天一张床位才50元左右，还能结识来自天南地北又志同道合的朋友，这都是住酒店接触不到的体验。现下民宿的发展也很快，家庭式的居住环境减轻了旅行的漂泊感，风格各异的民宿装潢也是旅途的一大看点。

5. 理理交通里的数

交通是生活支出中很重要的一部分，大城市的交通系统复杂多样，人们出门对公共交通的依赖程度高，出行成本相对较高。有车一族也不轻松，高企的油费，紧张的停车位，拥挤的道路，算起时间和金钱的消耗，让许多车主都觉得伤不起。

1）公共交通

（1）公共交通的乘车优惠要门儿清

以广州为例，每月刷羊城通乘坐公共交通，从第16次开始可以享受6折优惠。广州地铁线网票价按里程分段计价，起步4公里以内2元；4至12公里范围内每递增4公里加1元；12至24公里范围内每递增6公里加1元；24公里以后，每递增8公里加1元。也就是说，在广州坐地铁，坐得越远越值。平时我们坐地铁，可以留意一下票价，或许提前一个站下车就能省下2元。提前下车走路到达目的地还能锻炼身体，如果不赶时间，不妨尝试一下。

（2）摸清路线再打车

互联网打车方便实惠，想必大家都清楚了。那么我们来说说怎样打车才能更实惠。我们想要叫车去一个地方，先不要着急下单，可以事先在地图上检索路线，试着在对面方向或者附近的其他道路上选择上车点，看看价格是否有差别。有时就因为隔着一个马路的距离，车辆要多跑一段路掉头才能进入正确的行驶方向，这就多花了路费。同理，也可以事先探查一下下车点，特别是乘坐普通出租车的时候，或许只是因为多了几步路就跳表了。

（3）折扣机票赶早也赶巧

外出旅行，往往机票就占了一半支出，如果能够买到折扣机票，就能省下不少钱。一般来说，通过网络我们可以查看到近三个月的机票售价，越早预定，我们可选择的范围和订到大幅折扣机票的可能性就越大。如果有出行计划，尽早关注售票情况为宜。赶得早也要赶得巧，不少航空公司会在当月放出最低折扣，甚至有的机票价格不过百元。要想抢到这样的超值机票，就要时常留意特价机票信息，遇到了就要快准狠地斩获它。所幸的是现在的互联网旅游服务业都为广大用户考虑好了，筛选出特价机票信息供大家浏览，省去我们不少麻烦。

如果经常乘坐飞机出行，又习惯选择某一家特定的航空公司的飞机的话，强烈建议办理该航空公司的会员。会员除了可以有机会抢到会员特价机票外，每趟飞行都能积累里程，飞行里程积累到一定数量后即可兑换免费机票。出于市场经营的考虑，航空公司还会与银行合作，用银行信用卡积分可兑换里程，或者使用银行信用卡购买机票有额外优惠等。

2）养车

买车的时候，要考虑自己的经济实力和实际情况，选择合适的。车辆的性能和价格同时影响养车的成本。养车的钱是要持续支出的，每年都有消耗，在购车时就要有所准备。我们先来理一理费用都有哪些。

一般而言，养车费用可分为固定费用和变动费用两部分。固定费用主要包括养路费、年检费、车船使用税以及保险费等。变动费用则指燃油费、维修保养费、停车费等。

保险费和税费：包含交强险、商业险和车船税。这部分的花费基本是固定的，其中商业险中的第三者责任险和交强险一样为固定保费，也就是与车价无关，车主可根据自己的实际情况或需求支付相应的保费。其他的商业险为浮动费率险种，车价越高，费用越高。给车上保险不宜盲目，要根据自己的实际情况来正确选择险种。像自燃险，新车自燃肯定说不过去，都需要由车型生产厂商负责，所以新车不太需要购买自燃险种。再比如划痕险，车辆本身为中高级车型，喷漆维修费用又比较高的话，可以考虑购买；至于经济类车型，本身价值不高，也就没有太大的必要了。

燃油费：这费用取决于车子的性能和选择什么样的汽油。一般的日常使用，每年的油钱在一万元上下。

车辆保养：车辆的保养基本是每年一万公里就要做两次，保养的级别各不一样，车价高的，保养费贵。每次保养费用在300~800元，大保养费用在1000元以上。常规保养一般都会更换四滤（机油滤芯、空气滤芯、汽油滤芯、空调滤芯）和机油，除了机油滤芯和机油是一定要按照行车里程更换外，其他的根据实际使用情况不一定每次都要更换。机油对汽车来说非常重要，所以一定要选择好的、合适的。

车辆维修：这个要看车辆的使用情况和损坏程

度，一般来说，驾驶技术好的话一年都不怎么需要修车。如果车辆贵重，那么维修费用就贵些。平时多了解些汽车知识，修车时要问清楚故障的原因，避免被维修店"忽悠"。

养路费以及停车费：在大城市生活的话，养路费和停车费也是一笔不容忽视的数目。

违章费：老司机也有违章的时候，所以要小心、谨慎、规范驾驶，这也是对生命负责，对钱包负责。

汽车美容以及其他：这个就看个人的讲究了。洗车费、抛光打蜡费这类费用在节假日价格都会上涨。其实如果有闲暇，也可以试着自己洗车。

总之，养车养一年下来，费用基本都在一万元到两万元之间。

购车时也可以响应国家号召，考虑新能源汽车。各地的情况不同，不少大城市对购买新能源汽车有补贴政策。同时，新能源汽车少用或者不用燃油，替代动力源的费用也比燃油要省一些，总的花费一下就省下不少。加上国家在鼓励新能源汽车发展，相关配套设施也在积极布局，相信以后使用新能源汽车也会越来越方便。

6. 就医不花冤枉钱

人的一生中难免会有些小病小痛，不管乐不乐意，生病了要看病吃药是无法回避的事实。寻医问诊不是小事，事关健康，自然不能马虎，更不能讨价还价。然而有时去趟医院，没两下就"一掷千金"的情况也不少见，因此不少人讳疾忌医，总是避重就轻，甚至听信偏方谣传，造成不可挽回的损失。所以在健康的问题上，千万不要自作聪明，别落得"聪明反被聪明误"的下场。

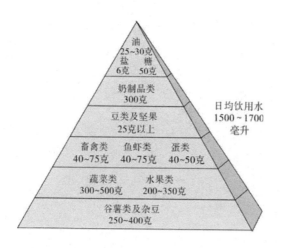

油
25~30克
盐 糖
6克 50克

奶制品类
300克

豆类及坚果
25克以上

日均饮用水
1500~1700
毫升

畜禽类 鱼虾类 蛋类
40~75克 40~75克 40~50克

蔬菜类 水果类
300~500克 200~350克

谷薯类及杂豆
250~400克

1）保健

（1）保持食物的多样性，保证营养均衡

现代都市很多人处于亚健康状态，即使平时看上去吃香喝辣样样没少，可是小毛病还是不断，去看医生却说是因为缺乏某些营养元素。都说病从口入，单一的饮食容易导致营养不良，经常外食也会导致各种健康指标亮红灯。所以合理的膳食比整天敞开肚皮胡吃海喝要有益得多。

（2）保持健康的生活习惯

总的来说就是：戒烟限酒，适当运动，睡眠充足，心态平和。

（3）定期体检

定期体检十分重要也十分必要，特别是对于中老年人以及有家族遗传疾病的人群，定期体检可以帮助你更好地掌握自己的身体状况，及时发现问题，把握挽救健康的最佳时机。

（4）不要依赖保健品

保健品虽然不是处方药，但是也算是药物的一种。保健品只是在正常情况下的一种效用补充，是药三分毒，长期依赖保健品也会造成不良后果。很多人认为小毛病可以通过服用保健品来解决，还有的老人家偏信保健品有治疗大病的功效。健康有问题还是要寻求专业医师的帮助，千万不能病急乱投医。

（5）正确看待疫苗的作用

疫苗有很多种，有强制要求接种的，还有自主选择接种的。像时下很流行的宫颈癌疫苗，许多女性为了求心安，不惜奔波境外专门接种。需要明确的是，疫苗不是万能药，它只是让你的身体对某种病毒加强免疫，极大降低感染风险，并不是说接种了疫苗就可以高枕无忧了，接种后还是会有感染的可能，疫苗的效用也是有时效的，需要定期检查。而且疫苗接种本身也有许多前提条件，不是说越贵越好，疫苗接种本身也是有风险的。所以想要自行额外接种疫苗的，应当了解清楚实质，根据自身的情况选择合适的疫苗。

2）就医

（1）小病求诊小医院

平时简单的小病痛完全可以去社区卫生服务中心，请全科医生诊治，没必要直接去大医院。大医院虽然医疗力量强大、设备齐全，但也因为分科专业细致、人流量大，往往会让初诊病人分不清要如何就医，在摸不清楚病因的情况下被要求进行各种检查，反而"小病大治"，花费许多不必要的检查费用。

对于情况较复杂的病况可以先到社区卫生服务中心或一、二级医院就诊，确定病症及分科，有必要时再转到大医院，这样病人可以少走弯路。并且这些医疗机构的费用比大医院要便宜不少，加上医保统筹，在等级低的医疗机构就诊收费会少得多。

（2）看病带病历

无论什么时候去医院，看病的人总是那么多。医生接诊的时间有限，如何让医生更快更准确地了解病情、做出诊断，带上病例和相关资料十分重要。病历对就诊时间、病史、检查结果、诊断治疗、用药等信息都有较为详细的记载，对医生迅速把握病情有很大的帮助。尤其在患者对自己的病症描述不清时，病历就有重要的参考价值。有的医生还会询问以往相似病症的用药效果，相近时期不同病症的用药情况，防止重复用药或用药不当的情况。

（3）定点就医，不要排斥挂普通号

定点就医，就是要固定就医点，这不仅是响应国家医保惠民政策，更是方便医疗系统建立健康档案，对医生把握患者健康情况有利。就医时，不要排斥挂普通号，很多疾病在初诊阶段的诊断和检查一般医师就能胜任，即使是挂了专家号，这些步骤也是要进行的。所以何不先挂普通号进行初诊，发现疑难病症时，再寻求专家诊治，既节省了费用和等候的时间，也不耽误疾病的诊断与治疗。

7. 再穷不能穷教育

教育和就医一样，是无法讨价还价的支出。每个家庭都十分重视对教育的投入。有调查表明，中国家庭对教育的支出平均占家庭收入比例的20%，更有甚者，用于教育的钱达到家庭收入的一半，可以说国人在对待教育上是一点也不含糊。不仅是在孩子的教育上，在提升自我的成人教育方面，国人也是越来越重视了。

1）育儿

（1）补习班、兴趣班应当量力而行

为了不让孩子输在起跑线上，很多父母将孩子的课余时间安排得满满当当，希望孩子能学习更多的知识，掌握更多的技能。如此一来，光是报班的费用都不少了。虽然社会一直提倡给孩子减负，各种课外培训机构也打出了"轻松学习，快乐教学"的旗号，但是孩子们还是被学习压得喘不过气。课外学习只是对课堂学习的补充，应当根据孩子的实际需要和兴趣爱好来选择，量力而行。若孩子不乐意学，也学不好，则等于白花钱找罪受，何苦呢?

（2）先体验再专攻

想让孩子学习一种新技能，最好不要只是征询了孩子的意见就去报班，因为孩子对事物的判断还不够稳定准确，往往开始觉得有兴趣的事情一上课

就厌烦了，那学费又白交了。要发掘孩子的天赋和兴趣点，最好就是让孩子在轻松的氛围下尽可能地多接触不同事物，亲身体验。找到能激发孩子创造力和热情的事物之后，再考虑投入时间、精力、财力、物力去学习也不迟。

（3）最好的教育在家庭

家长想要培养出优秀的孩子，就花钱给孩子提供各种各样的教育，什么夏令营、游学都来者不拒，多少钱都支持。其实给孩子再好的条件，都不如一个优秀的家庭教育来得有用。优秀的品德，不是只有在外面的活动和教育里才能习得；家庭教育如若有缺失，是其他教育手段无法补足的。如果父母善良正直，耳濡目染之下孩子也会品行端正；父母善于倾听沟通，孩子也多半乐观友善；父母博学多思，孩子聪明伶俐的可能性更高……与其花钱寄希望于外界教育出优秀的孩子，不如从家庭本身入手，言传身教，与孩子共同进步、共同成长。

2）自学

（1）师傅领进门，修行在个人

学习一项技能，起步环节很重要。房子要修得好，地基就要打得好。所以入门最好还是从师学习，打好基础，不要自己瞎琢磨，以免路子不对留下后患。等入了门，有了自学的能力，再考虑自学比较妥当。

（2）利用网络课程学习

如果你想在工作之余再提升自己，又没有足够的时间去参加专门的学习培训，那么网络课程是非常经济的选择。现在的网络教育相当发达，不少网络课程比线下课程要便宜许多，且具有灵活度大、可重复学习的优点，缺点就是缺乏学习的氛围，缺乏有效监督，不容易坚持。我们可以利用相关手机软件，监督自己按时完成每日任务，提醒自己不要半途而废。

8．人情往来，讲心少讲金

翻看我们的账本，会发现用于人情交际的钱也不少呢。人情往来，出门会客晤友、过年过节宴会喜事的礼金彩头，都免不了一笔又一笔的花销。我们都说，人与人之间的交流，讲究真心而不是酒肉交情。解开人情世故的束缚，用心沟通，才能收获美好的人际关系。

（1）卸下面具和标签，真诚待人

大家都希望自己是受人欢迎的人，所以有的时候我们不知不觉就会给自己贴上某些特质标签，戴上面具，假装自己大方、随性，甚至硬着头皮装大款。其实，人贵自知自重，真正的朋友是会理解你的经济情况的，自己是几斤几两就几斤几两，真诚的交往才会让人感到轻松愉快。

（2）人际关系也需要管理

有时候我们为了能够融入某些群体里，会强迫自己加入其中，进行着不符合自己能力的消费。像同事之间，有的小群体喜欢午饭到比较高消费的地方吃，下午都要点下午茶，为了拉近同事间的距离，有的人就不得不跟着他们消费，结果工资没一两个星期就见底了。对于让你感到疲惫的人际关系，就不要再苦苦维持了。要融入群体，不是只有"一起花钱"这种办法。

（3）规划交际"基金"，投资"人脉"

平时在规划支出的时候就要拨出"专款"，用于人际关系的维持和拓展。像组织些低成本的户外活动，偶尔约好久不见的朋友出来碰碰头联络一下感情，多和优秀、有趣的人交朋友，参加志趣相投的聚会等，都是很不错的"人情投资"。

🐷 避开雷区

1）货比三家，你真的懂吗

都知道买东西要货比三家，但要找出最好最优的，恐怕就不这么容易了。有没有发现，现在货比三家是越来越难了，不是家家大同小异，就是独家包揽，根本无法对比。特别在网购时，经常会有一搜就搜出一长串相同图片相同货物的情况，价格低廉的日用杂货最常见。出现这种情况是因为有的批发商为了网罗客流而采用了"广撒网"的策略，利用分销商注册多个店铺发布同一款产品或者同款商品多次上架。还有的店家会故意降低其中一间店铺的售价，引导想要购买这件商品的客流流向指定的店铺，看上去像是顾客淘到了超值的商品，实际上没有起到比对的意义，依旧是被店家牵着鼻子走。只要看到商品详情内容一样，店铺所在地一样，基本就可以判定这是遇上"大渔网"了。

所以，想要做到货比三家，就要扩大选择的范围。我们在一个集中的小范围里多看几家，是为了更好地掌握行情，知道这件货品的普遍市场价格。在这个基础上，我们可以从不同渠道寻找更加物美价廉的商品。同一件商品，城东城西两地的市场价格或许就会有差异，线下门店和线上渠道的价格也有不同。店铺的备货地离生产地近的价格通常要更加实惠，店铺信誉评价等级高的质量更加有保证。只要清楚以上原则，多留个心眼，多给点耐心，相信你一定能比出好商品来。

利用网络的数据关联和大数据推送能方便我们找到更加价廉物美的商品。以淘宝为例，你可以先通过关键词搜索想要购买的商品，搜索词可以尽量详细，这样搜索出来的结果针对性就比较高。在搜索出来的结果里挑选几件喜欢的放进购物车，但不要着急提交订单。接着退出应用一段时间再打开，这时候首页就会有大数据处理后的推送出现在你面前，这时可以点进去看看是否有合心意的。同时还可以点击购物车，留意"你可能还喜欢"栏目，里面有很大概率出现相同或相似的商品，这时候就可以货比三家了。如果以上两个界面都没有找到喜欢的，我们还可以通过"找同款""找相似"的功能多浏览几样商品。

2）看评论的门道

当我们对想购买的商品拿不定主意时，都会去看看评论。想必大家也知道，现在的评论也不一定是客观的了。找水军刷评论，用返现等福利引导买家刷好评等操作让我们很难判断评论的可信度。还有的评论条数很多，但是细看下来都是同样的"好评"的，很有可能是刷单的结果。加上现在不少人都是佛系买家，对商品的宽容度高，也不喜欢评论或者只打分不留言，所以在评论区更加难以提取到可靠且有效的信息。

可是评论还是要看的。追评、中评、差评，这三种评论的参考价值比较高。如果这三类评论里都有提到同一种问题，那么就要小心了。评论的内容也很重要，不能只看评价等级。有的评论过于简单，有的是抱怨和商品本身无关的事情，这些内容也没有多少参考价值。还有的差评其实是因为人为操作不当造成的问题转嫁到产品上。当然，现在也有很多恶意差评的情况，通常店家都会进行反驳，孰是孰非，还是要小心鉴别。

评论区的乱象同样让各大电商平台头疼。为了给大家提供一个可靠的了解产品真实情况的渠道，现在许多电商都开通了问答形式的评论区，就是让购买过商品的人来回答顾客的提问。目前来说，这个评论区的内容有比较多的"干货"，评价也更为真实可信。

3）小心促销的陷阱

如果哪天你遇上了促销活动，先别一个冲动就"剁手"了。有时候促销也未必是真促销。新闻没少报道这些谎称是促销活动的猫腻，我们要多留心，避开雷区。

（1）先涨价再降价

这种情况在"双11"等促销活动里最常见。原价100元的商品，在促销活动开始前几天上调定价，然后活动当天再谎称打折优惠，以98元的售价售出。不了解平日价格的买家抢到折扣优惠还以为得了什么大便宜，其实是中了商家的圈套。

（2）优劣搭配，捆绑销售

当看到"买一送一"之类的促销活动时要小心了，特别是捆绑包装的，很有可能是用一件正常商品搭配一件即将过期的商品销售的，又或者是表面用好的货品，并以此遮住底下较差的货品。购买这类商品时，要仔细观察，注意生产日期和保质期，检查外观，防止中招。

（3）赠品的诱惑

有时候我们会为了得到吸引人的赠品买下不太必要的商品。其实仔细想想，这些赠品或许单独另外购买也不需要太多钱，为了得到赠品而买回来的商品又没多大用处的话，那算盘就没打精明了。利用赠品促销的方法还有很多，例如附带赠品的货品比没有附带赠品的货品贵少许，加几元钱换购其他小商品之类的，遇到这类促销，要看赠品的价值是否达到需要增加的价格，看赠品本身有没有质量问题。当然，最重要的还是要遏制为了赠品而购买不太需要的商品的想法，抵制住赠品的诱惑。

4）多点常识是没错的

要做一名精明的消费者，不仅需要眼明手快，还得掌握尽可能多的常识。现在的商品市场竞争激烈，为了吸引眼球，五花八门的产品，"巧妙"的广告，都在干扰着我们的判断。特别是对功能型产品，多点常识是没错的。如果我们通晓原理，就能看穿商家的"套路"，不在无用功能上花冤枉钱，找到真正适合自己的商品，做到高性价比消费。

小琳家用了没几年的微波炉坏了，正考虑要不要买台新的。然而家里的老人家观念比较传统，觉得自己平时也基本不用微波炉，而且听信了微波炉辐射大不利健康的传闻，反对再购买微波炉。可是小琳习惯使用微波炉热菜和解冻，偶尔还会用微波炉做菜，所以还是认为要买新的。

为了获得家里人的支持，小琳找了不少辟谣的信息给老人家做科普，还说了微波炉的许多好处。终于，小琳得到了家里长辈的"授权"，可以为家里添置一台新的微波炉。

可当小琳开始选购时，眼花缭乱的商品让她一下子不知如何下手了。商品市场的快速发展，推出了品类繁多、功能各异的新产品，原来单一的微波炉产品，已经发展出了"微波+光波组合""微波+光波+蒸汽三位一体"等产品，价格也从几百元到几千元不等。小琳一直想学习烘焙，看到有的微波炉有光波功能，声称能当烤箱用，便有想要购买的冲动。

小琳觉得网购方便快捷，也明白现在很多厂商都会区分线上销售和线下销售的货源。线上销售的货品，也就是在快递包装上经常看见的"电商专供"产品，和线下销售的产品有小幅差异，在某些不关键的环节压缩了成本，所以电商专供产品的价格更加实惠。价格虽然有差异，但功能基本一致。所以，小琳还是在电商平台上选购产品。

在选购过程中，小琳注意到评论里有买家反映烧烤功能存在一点小问题，这让小琳重新考虑是否有必要选购带有光波功能的微波炉。小琳知道，微波加热是通过磁控管发出的微波辐射能引起食物内部的分子振动，从而产生热量的。而光波炉则是利用光波管发热烘烤食物，两者在原理上明显不同，所以操作时需要注意的事项也不同。很快小琳就了解到，微波炉里的光波功能，只适用于一般的烧烤，对于复杂点的烘焙就无法精准控制了。且因为电器本身要兼顾微波和光波，光波功能只是作为微波功能的辅助，设计上更多照顾的是微波功用，所以"微波+光波组合"的微波炉是无法完全替代烤箱的。再加上家里有长辈，电器的操作应该简单化，太多复杂的功能和操作禁忌反而会让老人家一头雾水，万一操作不当还会引发事故。综合多方面的考虑，最后小琳选择了一款经典的基本款微波炉，功能上保证了日常使用的需求，价格还很实惠。收到货以后，小琳只是进行了简单的讲解，老人家就掌握了操作方法。一家人对此都非常满意。

适度过载

1）你的信用很值钱

相信大家都已经注意到了一个变化，我们的信用，早已不是申请贷款、办理信用卡的时候才会被提及的东西了。个人信用度与普惠金融、生活便利挂钩的项目已经越来越多。以支付宝为例，用户只要芝麻信用超过650分，就可以享受共享单车免押金服务；信用超过一定分值的就可开通"信用住"，享受酒店先住后付、租房免押金等服务；信用分数达标甚至还可开通"信用就医"，用户看病可不排队，检查后自动扣费。可以说，在"信用"的驱动下，免押金租房、租车、借衣服、借图书、借境外WiFi等各种"红利"海量来袭，信用经济迎来了快速增值。信用似乎成为一种新的货币，或许在不久的将来，你的信用可能比你想象的还要值钱。

当越来越多的应用场景覆盖日常生活的各个角落，信用变成了现代人的刚需。信用价值的应用虽然前景光明，但风险和挑战也如影随形。目前我国的信用体系建设仍不完善，失信成本太低，惩戒力度不大，破坏共享经济的行为层出不穷。但历史的发展趋势必然会引领我们走向更加完善的征信和消费信用的体系当中。近期，被称为"信联"的百行征信有限公司成立了。在过去，央行的征信中心是全球最大的征信机构。尽管如此，其个人征信数据覆盖面仍然有限。对于那些存款不多以及连信用卡都不使用的人来说，个人信用状况仍是一片空白。信联的出现，打破了之前各家征信公司各自为政的局面，强强联手，实现信息整合、交叉互补。也就是说，日后在征信体系里，央行依旧面向银行等传统的持牌金融机构，提供企业和个人在贷款、还款以及信用卡使用等方面的信用记录的查询和服务，而信联则补位民间个人征信，为传统金融机构体系外的类金融机构提供征信数据，如小额贷款、民间借贷、消费公司、电商平台支付交易数据等。这些信息涵盖了几乎所有的生活场景，从此，任何人的不良记录都将被记录在案。所以，从现在开始，管理好自己的信用，就是管理好自己的另一部分财富。

2）靠谱的倒逼

对于喜欢追求个人财务稳健的中国人而言，超前消费不是那么容易被接受。过去常有个段子，说美国老太太没什么钱，但是开豪车住豪宅，小日子过得风生水起。而中国老太太每天节衣缩食，去世了才发现她积累了大笔财富，是个隐形富豪，如果用这笔钱买豪车豪宅都不是问题，可她却没享受过几天好日子。从这个笑谈中我们不难看出国人对于如何花钱的矛盾心理。其实，超前消费不是盲目地打肿脸充胖子，而是根据自己的情况预支自己的财富。就像贷款买车买房，银行都会审核你的还款能力，只要我们具备了一定的能力，适度地进行超前消费，也是可取的，每个人都有及时享受美好生活的权利。

适当进行超前消费还有一个好处，就是能经营和提升你的征信。就拿我们最熟悉的芝麻信用来说，如果你每个月有花费信用消费的记录，并且做到按时或是提前还付，信用值都能提升。信用值越高，越能以更低的成本享受到共享经济的便利，这也是未来共享经济发展的趋势。

人们总说，不逼一下自己，都不知道自己有多牛。花钱赚钱也是一样的，适当给自己一点财务上的压力，往往能激发自己"吸金"的潜力。假设你想买车，需要贷款，计算下来你目前的收入恰恰能覆盖支出，且这种情况要持续一两年。如果你能预见接下来的收入都能保证稳定，那么还是咬牙买下来吧！这样就能马上享受到有代步工具的好处。随着成为有车一族，生活也在发生改变，你能更自由地出行，节约不少时间成本。还贷的压力也会倒逼着你更用心地挣钱，不知不觉间，你会发现你比之前更加能赚钱、会赚钱了。或许原本计划要承担一两年的贷款，没多久就能结清了。

3）不要动不动就"断舍离"

"断舍离"是时下很流行的生活理念，意思是断绝不需要的东西，舍弃多余的废物，脱离对物品的迷恋。其实这是非常好的生活理念，能让人摆脱物欲的枷锁，得到轻松愉悦的心态。这个观念一经提出，许多人都觉得打开了新世界的大门，因为低物欲意味着钱包有救了，于是很多人二话不说就开始了"断舍离"的实践。

"断舍离"的第一步就是断绝不需要的东西，所以很多人压制自己购物的欲望。第二步就是果断丢弃多余的物品，于是很多人又一个激动，把觉得没用的东西都决绝地丢弃了。经过前面两步，很多人都以为自己可以做到第三步的清心寡欲，结果却发现反倒生出了许多不便，对那些激动下扔掉的东西要用的时候却只能束手无策了。所以说，理念虽好，但是没能正确理解运用，也会适得其反。

说到底，"断舍离"其实是对一种生活状态的总结，是一种物质和心灵达到平衡的良性结果，是对生活管理的方法，而不是一个引导个人如何走向良性结果的过程和方法。只有在你达到生活阶段的满足和稳定之后，面对新阶段需要考虑采取怎样的维持策略时，考虑"断舍离"才有意义。先学会整理、梳理生活，才能做到管理生活。许多人在生活品质还没达到持续稳定的情况下就开始"断舍离"，结果只能是浪费时间、精力和金钱。

第四章
管钱管出好生活

🐻 自律生财

1．养肥小金库

储蓄是中国人最热衷的理财手段，即便早些年舆论一直在鼓励民众把钱从银行拿出来参与别的投资，但国人似乎还是觉得手里握着一本数额可观的存折更为踏实。还有调查研究表明，富裕的人甚至比一般工薪阶层更喜欢存钱，有计划存钱的人生活更容易富足。所以无论你收入如何，适当储蓄都是生活必备的功课。

（1）收入三分法

每月收入到账时，先别挥霍，先把收入大致平分成三个部分：生活费用，活动资金和储蓄。生活费用就是用来保障生活的各项成本开支，即房租、水电、通信、交通、饮食等必要开销，无论如何都要保证这部分钱准备充足。活动资金是指根据自己的生活目标和水准，能较为自由地支配的钱，可以用来旅游、学习、购物娱乐等。如果房租本身就占了收入的三分之一，那么活动资金可以调配贴补生活费用。最后的储蓄部分，没有特殊情况，尽量少动，并约束自己进行强制储蓄。

（2）储蓄罐法

这种方法和三分法最大的区别，是它不强制要求定时定量进行储蓄。通过制定一段时期的进度和目标完成积累。首先，我们可以将要实现的目标列出清单，标定金额并制定规划，列出计划完成时间，分阶段、金额和时间等，通过明确的进度要求来敦促自己控制消费。然后，我们将日常省下来的每一笔钱记录下来，并将这笔钱存入专门的账户。最后，要按照制订的计划进行周期检查，统计每一笔省出的资金，与计划进行对比。当凑足目标金额时，再与计划完成时间作对比，总结经验，为下一个目标做准备。

（3）阶梯式存钱法

在一个时间段内坚持每周存钱。专业人士建议把周期定为一年，即52周。阶梯式存钱的方法是：坚持每周拿出一部分钱存起来，而且每周要比上周多出一定金额。然后，存钱数额按照确定的金额递增，若按照等差数列的方式计算的话，第1周存10元，第2周存20元，第3周存30元……依此类推，到第52周存520元。这样一年下来，从10元起步，最后的存款总额能达到13780元。

（4）"12"存单法

"12"存单法，即每月将一笔存款以定期一年的方式存入银行中，坚持整整12个月，从次年第

一个月开始每个月都会获得不菲定期收入的一种
储蓄、投资策略。前一年存入12笔定期存款，到
了第二年，每个月就会有一笔存款本息到期，可
以连本带利取出消费，也可以续存，既可以享受
比活期存款更高的固定利率，又能保证日常开支
的灵活调配。

（5）抽选式存钱法

这种存钱法的优点是具有趣味性，比上述几种
任务式的方法要来得轻松。我们先准备一样可以帮
助做选择的道具，像是签筒、骰子、转盘等，标配
金额，每天"抽奖"一次，抽到多少金额就存多少
钱。坚持一段时间，"小金库"里也能积攒下不少
"奖金"。

2．花销手账来一份

普通的记账本太单调无聊，那何不试着把它做成一本漂亮的花销手账呢？

或许你会说，我不会画画，没有什么艺术天分，做不来。其实，不用把手账想得太复杂。用些简单的手法也能制作出好看的花销手账。

（1）贴纸胶带

不会画画，用贴纸胶带就能解决。市面上有各式各样图案的贴纸胶带，价格也不贵。如果觉得单纯列条目的记账形式太单调，只需要在条目前用胶带粘贴图案，版面立刻就能活泼起来。

（2）简笔画

学两手简单的简笔画点缀版面，不需要花什么钱，还能激发创造力，让你的账本充满个性。

（3）图形与边框

如果实在是重度"手残"，还可以尝试用不同的线条、图形组合来画出分割线，或者围成边框的形式来装饰版面。

做手账，线条和简笔画会更配哦！

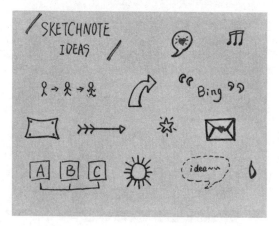

（4）颜色标记

只要有丰富的色彩，即使是很简单的图案都可以起到装饰版面的效果。

用不同颜色的笔来书写同样可以丰富视觉效果。

3．冲动是魔鬼

冲动是魔鬼。如果你做一回长期的跟踪记录，就会发现因为冲动消费而浪费的钱财还真不少。如何才能控制住自己的冲动，不去冲动消费呢？我们可以尝试以下几种方法。

（1）限定每个月的购物次数和消费总金额

假设如果你喜欢逛街，那么就限制自己一个月只能有两次机会购物。如果喜欢网购，就限制自己一个月只能有4个包裹。最好能请朋友或者亲人监督自己的购物行为。

（2）养成采购的习惯

对于不是十分紧急必要的东西，不要想到什么就去买，让购物的冲动沉淀一下。对于需要的物品，可以先记录下来，然后再统一采购。采购前再梳理一遍，看看有没有什么是曾经觉得需要，过后又觉得不太必要的东西。如果有，可以移到下一次采购的清单里，或者直接删掉。

（3）按清单购买

采购前要列清单，一是可以提醒不要漏买，二是可以控制自己的消费，不是清单上的东西一律不可以买。受到诱惑时，要看看清单，然后心里默念几次"我不需要"，快速离开。

（4）设置惩罚

可以给自己定一条规矩，如果控制不住冲动消费了，就要往一个专门的账户里存入同等金额的钱，制造"一次冲动消费，就要产生两倍的支出"的压力，同时这也是一种倒逼自己存钱的办法。

4. 偷钱鬼是惯出来的

你会不会有这样的疑问：为什么同样收入，平时的消费也大致相同的群体里，有的人就活得自在，而有的人总是抱怨不够花呢？或许，这个偷钱鬼就藏在生活习惯里。

我们生活当中有几项开支受我们的生活习惯影响较大，比如水电、燃气费、日用消耗品等，通常只要养成节约克制的生活习惯，就能控制好这部分的花销。

（1）选择节能的产品

想要节约水电，在选择比如水龙头、电灯、洗衣机、热水器、马桶等用品时，使用节能等级高的产品能节省下不少水电的消耗。像电灯，普通白炽灯最小都要15W，照明效果不佳，同等的效果，新的LED灯只需5W就能达到。而且LED灯更加耐用，在更大空间更高亮度的照明要求上表现更出色更省电。燃气热水器是消耗燃气的大户，选择一款节能环保的燃气热水器能减少燃气消耗，或许机器本身比一般的要贵出不少，但是节省下来的燃气费一定不会让你觉得吃亏。

（2）养成不浪费的行为习惯

家里的照明设计上可以准备多几组不同效果的光源，有全屋通透明亮的大照明，也有温馨柔和的模式，还可以再准备保证最小可视亮度的照明，这样可以根据不同的情景模式打开不同的光源，避免一盏大灯亮到底。用水方面，要养成随手关闸的习惯，生活用水还可以多次利用。想要节约燃气，最好的办法就是减少燃烧的单位时间，例如长时间的烹饪改用厨房电器，缩短洗澡时间等。

（3）留意收费变化

不同地方的水电费、燃气费等的价格和收费标准不尽相同。以广州的居民天然气收费为例，采用的是分档收费的方法，第一档单户全年天然气使用量在320立方米以内的，按每立方米3.45元计费；第二档使用量在320~400立方米的，按每立方米4.14元计费；第三档使用量在400立方米以上的，按每立方米5.18元收费。也就是说，用得越多，单位用量收费越贵。最佳情况是将全年用气量控制在320立方米以内，这就意味着1天用气不能超过1立方米，这对不少家庭来说是比较难做到的。所以不少家庭会选择将烹饪或洗澡的其中一项改为用电器解决，因为电费比燃气费便宜，细算下来更加划算。

越花越有

1. 小钱的小投资

理财到底是为了什么？根本的目的，是为了财富的保值与增值。说到保值，大家首先想到的多半是储蓄。储蓄没什么风险，还有利息收益，看起来是最稳妥的理财方式。然而大家不能忽视一点，那就是通货膨胀造成的货币贬值。当通胀率超过了利率，在无形之中你的财富就遭受了损失。如果存款不多，这些损失不算什么，但存款越多，损失就越大，加上年复一年的累积，损失掉的小钱也会越滚越多。所以不要只把钱财存在银行里，那不是真正的理财。真正的理财是更好、更高效地运用资产，以达到保值增值的目的。

大家都对富裕有追求，都希望自己的财产能尽快地增值。于是面对基金、期货、股票等各种形式的投资产品时，哪个收益高就投资哪个，希望能一朝暴富。可是心急吃不了热豆腐，财富的增值不是一朝一夕的事。用一颗芝麻一下换来一个西瓜，那是投机，不是投资，千万不要对理财抱有不切实际的幻想。我们普通民众，手上的钱和金融大鳄比起来，那只能算是小本投资，很难有大资本投资的规模效应。小本投资同样不轻松，需要时刻防范风险，合理理财，才能实现财富保值和增值的目的。

以下是小本投资需要注意的问题。

（1）不要借贷投资

普通大众虽是小本投资，但也都是自己的血汗钱，都不希望钱投下去了没水花。投入得多回报才多，所以有的人会为了扩大收益，借贷资金充作投资本钱，这是很不可取的。借贷的风险较大，投资本身也有风险，两项风险叠加，无异于行走在悬崖边缘，压力可想而知。

（2）不要盲目跟风

虽说投资逐利天经地义，但是也要擦亮眼睛。特别是在投资初期，很多人由于不熟悉市场，往往是跟着感觉走，看到别人做什么生意赚钱，他也去做；看到别人买什么基金赚钱，他也去买。盲目仿效跟风，也不结合自身情况拣选甄别，往往会因为市场环境变化或经营不善而血本无归。

（3）不要轻信广告

有句至理名言——市场有风险，投资需谨慎。市面上有不少号称"投资少，见效快、回报高"的投资项目，以高额回报为诱饵，专门诓骗那些发财心切的人。其实，同一类型的投资项目其利润率一般都在一个稳定的区间内上下波动，不太可能出现超出平均值的暴利。不同投资项目的利润有高低之别，但利润高的项目也不会高得离谱。因此，凡吹嘘暴利必有诈。投资者在选择项目时，最好了解清楚投资的相关知识，或者找有关企业、部门咨询一下，以免上当受骗。

（4）不要贪大求全

对于手中没有什么资金又缺乏经验的投资者来说，最忌讳的就是听信"砸得多才赚得多"之类的论调，想要一口吃成大胖子，贪心不足蛇吞象。小本投资不妨还是先从小项目做起。不如选择投资做生意，小买卖虽然发展慢，但周转灵活，一旦经营不顺也能及时调整或抽身，用不着为亏本担惊受怕，还能积累做生意的经验，为下一步做大生意打下基础。以较少的投入试水，了解市场，待时机成熟，再大量投入，这是很多小本投资者的经验之谈。

（5）不要舍近求远

小本投资者由于势单力薄，专业性也不足，在风云变幻的市场中很难站稳脚跟。选择专业的领路人，走"寄生型"发展之路，也不失为一条回避风险的良策。觉得自己能另辟蹊径，能有意外的收获，是很多初级小本投资者不现实、不理智的幻想。刚开始投资，我们没有必要舍近求远，财富和经验的双增值才最重要。比如我们想要投资基金，但是却不知道要如何选择，那么我们可以把钱交给专业的理财经理帮忙打理，又或者存入金融服务机构的资金池中，让专业的投资人拿去投资再盈利分红。再比如做生意，初出茅庐的投资者可以选择加盟知名品牌的方法，能省去自己前后打点和市场推广的麻烦，还能顺便学习别人经营管理的门道，积累经验，为日后谋求其他发展做准备。

（6）不要贪图尝鲜

任何项目、任何行业都不是三天两天就可以摸透的，不要把一个行业想得太简单，相关的行业经验非常重要。最好选择自己熟悉的领域，因为你已有的经验能帮助你做出更加准确的判断。如果你对某个领域不熟悉，无论别人赚多少钱都不要去跟风，因为你很有可能会成为被套中的"接盘侠"。另外，一些新鲜的行业，比如高新科技行业或者概念美好但仍不成熟的行业，看似利润可观，实际上盈利的门槛非常高，不建议普通投资者涉足。

2. 买得到的安心

　　保险是一种特殊商品，"买时用不到，用时买不到"。很多人年轻的时候觉得自己身体健康，生活环境也很安全，没什么必要买保险。就算是有心想要购买的，又往往因为人生和事业刚起步，手头比较拮据，只能依托企业购买社会保险，对购买商业保险敬而远之。等人到中年，经济宽裕了，可身体这也不对那也不爽了，要保障的东西越来越多，越来越害怕意外，于是觉得需要购买保险了。然而这时的保险已经不是那时的保险了。想要买保障人身的保险，结果一体检，毛病一大堆，保险甚至干脆不卖了。所以为了将来计，保险投资还是越早筹谋越好。

　　保险其实也是一种理财工具，所以它同样是

为了保值与增值。我们前面说过，保险是保障一个家庭不会因为意外而中途返贫的最有效的手段，这就是保险保值的功能。倘若不幸来临，保险能极大地减轻损失。若是有更不幸的情况，保险还能给家庭留下一笔可观的生存保障金，将来不及实现的价值提前兑现。从这种意义上说，购买保险，不仅仅是一种投资，还是对家庭负责任的行为。

作为一种理财手段，保险和储蓄、投资相比有着很大的不同。储蓄的风险小，但收益也低，如果通货膨胀严重，反而造成资产贬值；投资可能会获得很高的收益，可风险也高，一旦失败甚至血本无归，债台高筑。保险相比之下显得十分特殊。保险有很多种险种，比如养老型保险，至少保本，几乎没有风险。这种保险还兼具储蓄和投资的功能。因为投保后，每年都要定期交一笔保费，这就相当于强制进行储蓄。同时，比起一般的银行储蓄，保险可以通过复利增值来抵御通胀，且保险的所有收益都不需要纳税，增值的效用更加突出。

一般来说，合理的家庭财产还可以这样配置：流动资金作为维持和保证生活的储备，基金、债券等作为中线投资，房产、保险作为长线投资。三者协同照应，既可以保证短期周转，又可以长期发展，持续有效地保值增值。

保险行业也存在着不少乱象，购买保险时需要做好功课，细心谨慎，避免踩雷。

（1）要仔细研究条款

务必了解清楚条款中的保险责任和责任免除部分，严防个别保险人员的误导。保险人员劝说你买保险时总会给出很多承诺，似乎面面俱到，你根本不需要有后顾之忧。可当真的发生意外，找保险公司理赔时，"暗坑"就出来了。保险公司可能会以"未达到理赔条件""不在保险的范围""证明材料不齐全"等理由拒绝理赔。所以，在签订保险合同之前，一定要问清楚合约的所有细节，不可以放过一丝含糊之处，并将商定的条款详细明白地落实到合同当中。

（2）要挑选合适的险种

首先考虑自己或家庭的需求是什么，不要因为心血来潮或者碍于情面购买保险。还要考虑自己的经济能力，一般来说保费的支出，应为年收入的10%~15%，保额设定为年收入的6~10倍为宜。市面上的保险产品很多，尽管各家保险公司的条款和费率都是经过中国人民银行批准的，但不同公司之间给出的条款也有差异。比如保费的缴纳，有的是短期内缴纳完毕，有的则需要长期连续缴纳；再比如领取生存养老金，有的是月领取，有的是定额领取。挑选险种时一定要搞清楚，根据个人情况做决定。

（3）要注意不同保险产品间是否有冲突

保险不是买得越多越好，有些险种可以叠加赔付，而有些不能。可以叠加赔付的险种有寿险、重疾险、津贴险、意外险，而医疗险、财产险则不可以叠加理赔。所以在购买保险之前，最好弄清楚自己身上有哪些保险，避免不必要的重复购买。而购买新的保险产品时，最好还是和保险公司再三确认条款，如实告知已购买的保险情况。

（4）要"专险专买"

现在保险推销防不胜防，有时在银行办理储蓄，工作人员推荐的高收益理财产品，很有可能就是保险，甚至随手接个电话调查就被保险了的情况也不少。遇到这种情况，一定不要被"带进沟里"，要坚持买保险就一定要找专门的保险公司自主选择购买。同样的，不要购买保险公司推出的理财产品。都说术业有专攻，保险公司的专业就是做保险，任何承诺高回报的"特殊产品"都有陷阱。保险，性质越单纯越可靠。

自我财务管理

1. 整理票据

购物的小票、凭单、发票，房租的收据，工资条，信用卡账单，各种费用的缴费通知单等，林林总总的票据几乎天天都有。这些票据都是我们消费的记录，是我们行使售后权利的凭证，不要随意丢弃。我们日常应该对这些数量多、种类零散的票据进行收纳，方便需要时能快速找出。

谈到收纳，其实道理都是共通的，做法都是那三步：分类、放置、标记。

我们把票据大体分为长久保存类、定期保存类、生活记录类和集中处理类。然后根据不同的类别，采用不同的收纳方式。最后编目标记好，票据的整理就基本上做好了。

（1）长久保存类

这类票据多为大宗商品的凭证，比如房产、车产的收据或发票，家用电器的发票等，这些票据虽然不常用，但在日后办理相关手续、申请售后维修等环节是必要的材料，非常重要，需要永久或者长期保管。建议把这些票据和相关的文档资料一起收纳整理，像房产的发票和购房合同一起，电器的发票搭配使用说明书，妥善保存还能减缓纸张氧化。资料比较多的，像房产的票据、合同一类，可以使用文件夹或者档案袋装起；资料少的，用风琴袋或者带式文件夹装起即可，一页（一格）一份材料，一目了然。

（2）定期保存类

这类票据有时效性，在留存一段时间后就可以丢掉，比如超市购物发票，缴费回单，其他购物凭证、发票等。这些单据可以根据售后的时效时长先留存一段时间，因为不是所有的问题都能在第一时间被发现，留存单据可以方便我们在发现问题时不至于口说无凭。另外还有可能遇到已经缴纳费用但是系统漏记的情况，这时候票据能帮助我们避免蒙受不白之冤。收纳这类票据，只需要按照类别用夹子夹起来，找个盒子或抽屉码放好就行。又或者用旧台历夹起来，用旧台历的月份区分收纳周期。如果不嫌麻烦，还可以标记一下时效，方便周期处理的时候快速找出需要丢掉的票据。

（3）生活记录类

这类票据多为娱乐消费的单据，像景点门票、电影票、旅行的车票、机票一类的，这些票据比较有纪念价值。时下有很多人喜欢将这些票据收集起来，或用画框装起来作为展示，或者编入手账中。如果只是想作为留念，不想搞太复杂的形式，那么只需要用相册将票据装起来就好。

（4）集中处理类

这类的票据是指那些基本确定可以丢弃的票据，像定期整理出来的过期小票、发票，快递里夹带的货单、寄收快递的地址单等，可以找个大袋子装起来统一丢弃。不过需要注意的是，这类票据上面有我们的个人隐私，所以丢弃之前最好处理一下。可以用马克笔划掉地址、电话等关键信息，又或者撕碎。这些票据其实还可以废物利用，像用作便签纸，或者用来包裹细小零碎的物品等。

如今提倡环保，很多票据都改用电子形式了。有时候我们在网店购买了电器，商家提供的往往是电子发票。为保险起见，还是需要及时将电子发票保存下来，或者将其打印出来再留存。总之，无论是纸质的还是电子的，其作用和收纳的逻辑都是一样的，都需要我们有规律地去整理，才能更方便我们的生活。

2. 整理钱袋子

虽然说现在移动支付普及度高，买东西十分方便，几乎都不需要带钱包出门了，还有人调侃，现在钱包里的钱还没随手塞进去的小票多。但很多人还是习惯带上钱包，还有的人，钱包里主要装的不是钱，而是银行卡和证件。有的人卡非常多，把钱包塞得厚厚的，显得十分累赘。其实我们没有必要把全副身家都带在身上，也没有必要准备这么多"小金库"。合理地管理一下钱袋子，能让你的个人财务更轻盈。

（1）我们需要一个怎样的钱包

挑选钱包也是有讲究的。钱包的款式有很多，先是有横版和竖版的区别，按长度分有长、中、短三种，封口又分为拉链的、扣合的以及不封口的，还可分折叠的和不折叠的，折叠的钱包本身又分一折、二折、三折等。钱包的设计这么多，但不是都可取，有的甚至是反人类的差设计。折叠钱包虽然占空间小，但是钱一多就很难抽取甚至变形；不封口的钱包方便拿纸币，可是如果有硬币，一不小心就"天女散花"了；有的竖版钱包竖着塞不下大张的纸币，结果还是只能当折叠钱包用；有的中等长度的钱包，放不下大面额的纸币……

所以挑选钱包的时候最好用纸币比一下夹层的尺寸，比最大面额的纸币再稍大一寸为宜，方便取放；尽量避免选择折叠过多的；钱包至少能容纳下四张标准卡片；最好带封口，或者有专门存放硬币的封口小口袋。总之，挑选钱包不能只看外表和材质，是不是好用，就像买鞋，要试一试才知道。

如果你有很多卡片，不建议全部塞进钱包，可以选择小型钱包搭配卡包的办法。小钱包用来装现金，卡片全部放入卡包，这样既方便翻找，也可以让钱包"轻松"些。有些人因为工作需要，身上常带着名片，还会为名片配备名片夹。我们也可以挑选一个档次比较高的卡包，把名片也放进去，这样就不会觉得累赘了。

（2）管理你的卡片

都说不要把鸡蛋放在同一个篮子里，所以不少人身上有好几张不同银行的银行卡。另外还有各种会员卡、购物卡、交通卡，再加上身份证、社保卡，我们身上的卡片加起来都能用来当扑克牌了。这么多的卡，带在身上不方便，可是要用的时候没有又会损失很多权益，当真是两难。我们想要管理好手上的卡片，就要先从减少卡片数量开始。

首先最需要整理的，是银行卡。过去不同银行之间壁垒比较多，而且开卡的门槛也低，不知不觉我们开通了很多银行卡，有的是为了省手续费，有的是因为要领取工资，有的是为了缴纳费用，还有的是提供各种消费优惠的信用卡。如今，国家为了规范行业、方便群众，引导银行取消了许多原有的手续费，加上信用卡风潮退去，优惠红利逐渐减少，很多卡其实已经不再需要了。我们把这些卡片都找出来，该取消的取消，该打理的打理，尽量缩减手上的持卡数量，也能降低我们的信用风险。

目前，国家规定将个人银行账户分为Ⅰ类、Ⅱ类、Ⅲ类三个类别，不同账户类别有着不同的功能和权限。其中，Ⅱ类、Ⅲ类账户是在已有的Ⅰ类账户基础上增设的虚拟电子账户，功能和风险逐级递减。I类账户是你的基础账户，也就是你的金库，负责较大的金额，使用范围和金额暂时不受限；II类账户则是消费账户，相当于钱包，负责日常稍大的开销，单日限额1万；III类账户可以作为电子支付账户，就像是零钱包，负责小额度、频次高的开销支出，限额1000元。同一个人在同一家银行只能开立一个I类账户，同一银行法人为同一个人开立II类户、III类户的数量原则上分别不得超过5个。

所以，建议只在一到两个银行里开户，工资卡设为I类卡，大额储蓄、理财都在此卡下进行。然后开通两张II类卡，一张用于绑定水电气等费用的划扣，一张用来日常消费刷卡。平时随身携带日常消费的那张卡就可以了。移动支付时需要绑定账户，也尽量选择II类账户的卡。根据实际需要，开通III类账户。这样，只要三张银行卡就足够日常使用了，也容易打理。

不同银行会推出不同的信用卡产品，承诺提供不同类型的优惠。我们只需要根据我们的需要和习惯选择一张信用卡就可以了。比如喜欢买东西，可以选择多商家让利的信用卡；经常出境旅游的，可以选择提供海外折扣的信用卡。无论哪种优惠，其实现实生活中使用频率都不会很高，最实用的优惠还是免年费。

对于没用的银行卡，一定要去银行柜台取消掉。空置的卡片或许还有年费要扣除，长期不管可能会形成不良记录，影响信用，同时也会有财产安全隐患。

接着就是各种会员卡。已经过期无用的会员卡请剪损丢弃，特别是有磁条的，要把磁条破坏掉。还有用的，请询问是否可以转为绑定电子卡，改为用电子卡包管理。现在商家基本都采用电子会员卡替代传统卡片，原有的会员权益不变。如果还是有坚守用实体卡片的，视情况决定是否要随身携带。

公交卡固定一张，并且单独存放、使用，以防不同卡片间磁场相互影响甚至造成消磁。虽然现在卡片信息存储技术已经进步，但仍有部分老式卡片在流通使用，以防万一，还是分开存放使用较好。现在各地正在推广手机二维码替代公交卡，相信很快，公交卡也可以实现电子化，享受和实体卡片同等的权益。

电子卡包里的卡片也要定期整理，同样是舍弃无用的，以免电子卡包的卡太多，眼花缭乱，反而不好找了。

这样下来，我们平时出门，其实只需要带4张卡：身份证、社保卡、银行卡（消费用卡）、公交卡。信息化程度高的地区，甚至可以将以上4种卡片全部电子化管理，这也是未来发展的趋势。总之，卡不在多，够用就行；勤于打理，无用则弃；电子卡包，实用惠民。管理好自己的卡包，我们出门能更轻松。

第五章

花钱少也能感到幸福的50件小事

1. 尽情运动或繁重家务劳动后，吃顿大餐好好犒劳自己。

2. 叫上三五知己到家里开派对，烧烤宴、火锅宴，热热闹闹开起来。

3. 充实你的冰箱，把喜欢的食物买回家。

4. 尝试烘焙吧，烤份小饼干分享给好朋友。

5. 买一套漂亮的厨具、餐具。

6. 尝试自己制作小分量的晚饭，省钱之余，你还会悄悄变美。

7. 学一道高级菜，关键时刻能露一手。

8. 解锁网红美食，拍个美照发到SNS。

9. 买一支"种草"了很久的口红。

10. 找一个靠谱的理发店，换个发型。

11. 狠下心买一套能力范围之内的好的护肤品，每天好好护肤。

12. 买套新衣服。

13. 化个美美的妆，穿戴好出门闲逛去。

14. 想见某人？鼓起勇气，去见吧！

15. 买一款自己喜欢的香薰，睡一个舒服的好觉。

16. 换掉用了几年的床单被套，买套新的。

17. 给家里的花瓶换上一束鲜花。

18. 养几盆即使放养也能很好养活的植物。

19. 下雨天窝在家里看书、看电影、听音乐。

20. 清理电脑，卸载没用的软件，删除多余的文件，把需要留存的资料刻录出来放好，更换桌面壁纸。

21. 把闲置很久的衣物该扔的扔，该捐的捐。

22. 买个浴桶，家里没有浴缸也能泡澡了；泡完澡再敷个面膜，心情和皮肤一样美美的。

23. 某天不睡懒觉，起个大早，去学习或运动，会感觉一天都很充实。

24. 逛一逛书店，挑选几本自己感兴趣的书带回家。

25. 买套漂亮的泳衣，去海边"浪"一下。

26. 买好看的手账本，尝试记录自己的生活。

27. 在手机上买几本电子书，等车、坐车的时候看。

28. 精心挑选礼物送给自己的亲人。

29. 开通亲情账号，和亲人多联系。

30. 参加公益活动，感受"赠人玫瑰，手有余香"的快乐。

31. 清点零钱罐里的零钱，把零头拿出来给自己买份"奖励"。

32. 学会游泳。

33. 学会滑旱冰。

34. 学会骑自行车。

35. 尝试运动，买一双舒服的运动鞋。

36. 坐公交车游"车河"，能够看到平时注意不到的风景。

37. 抓娃娃，看能不能抓到；玩扭蛋机，看看能抽中什么。

38. 坐上开往城郊的地铁，或许地铁的另一头会有奇遇。

39. 在保证安全的情况下尝试一下自己一直惧怕的活动，比如说潜水、跳伞、蹦极。

40. 周末的时候，到周边城市来一趟两天一夜的短途旅行，不需要安排密集行程，边逛边吃也很有趣。

41. 和好友筹划一场出国旅行。

42. 买下拍照软件里喜欢很久的滤镜，拍到自己满意的照片。

43. 冲印手机里喜欢的照片，DIY相册，把那些难忘的时光框住。

44. 手机电量总是不够用？买一个轻便的移动电源和手机做伴。

45. 就算吃点亏也好，果断叫停一直让自己纠结、痛苦的人和事。

46. 去看一场爱豆的演唱会吧。

47. 坚持一件小事，比如说学外语、练字，每天坚持下去。

48. 努力考下需要的证书，找到一份自己喜欢的工作。

49. 养宠物，就算是金鱼也可以。

50. 帮家人打扮好，拍张全家福。

番 外
花对了钱的10个错觉

1. 这件大衣能穿很久。

花大价钱买到的当季心仪的大衣，虽然贵了点，可怎么穿都好看，觉得一定能穿几年。实际上，大部分人经过长达一年的新流行时尚的洗礼，已经看不上过季的单品了。

2. 价格差倍的产品，效果也是差倍的。

就拿护肤品来说，一款护肤品的效果好不好，要看成分、配方和工艺。而护肤品的价格不仅看效果，还要看其他附加值。护肤品牌的定位很重要，有时候高端品牌标价400元的基础型产品线的产品，不一定比大众品牌标价200元的基础型产品好。

3. 一个人买家庭装能用很久。

既然是家庭装，就是用来满足以家庭为单位的消耗。如果只有一个人使用，购买家庭装看似很超值，但是使用久了往往会觉得腻烦，感觉怎么用都用不完，最后物品就成了鸡肋，食之无味，弃之可惜。

4. 特价时多买点，反正以后用得着。

对于消耗品，大家都喜欢在搞优惠活动的时候大量囤货，觉得反正都要用的，多存点没关系。可是存货也要考虑消耗的速度，不少消耗品的最佳体验就是图一个"新鲜"，如果囤积太多，或许用到过了保质期了都还用不完。

5. 有了豆浆机，就能吃上健康早餐。

一般专门针对某项特殊功能的电器的实际使用率不会很高，例如豆浆机、豆芽机、爆米花机等，不少人购买这类电器的时候都抱有美好的想象，认为有了电器自己就会勤于使用，其实这都是错觉。尤其是豆浆、豆芽一类能轻易买到且价格低廉的商品，购买机器的钱都足够买上两百份商品了，实在是没有必要专门准备一个机器。

6. 客厅要装好空调，客人来了要招待好。

不少家庭客厅的电器都往贵的挑，一是为了撑场面，二是认为能提升交际。而实际情况是客人并没有如想象中那般常来，平时待在房间里的时间也要比待在客厅的时间多得多。明明对房间舒适度的要求更高，但是好的装备都配在客厅里，预算不足，房间里的也只能将就安排。

7. 蛋糕真好吃，再来一份。

吃上一块美味的蛋糕，感觉整个人都被治愈了。那么我们再来一份，不就能获得两倍的快乐吗？答案其实是否定的。即便你吃掉了双份的蛋糕，也并不能因此获得加倍的幸福感。没错，吃多一份会比只吃一份要幸福一点，但也只是多那么一小点儿，绝不是两倍。

8. "即刻就有"，我会更开心。

你也许会说："我想买就买，买了就能用，这样我会很快乐。"这其实是"贪婪欲"给我们的错觉，让我们误以为立刻实现愿望会比在等待一段时间后才实现它更快乐。然而研究显示，人们偏偏更喜欢那种从"等待物品来临"的过程中衍生出的喜悦感，当然，急用的必需品除外。试想一下，你是不是在等待快递小哥上门的过程中比网购的那一刻更兴奋、更开心呢？

9. 先充值后消费，压力没这么大。

消费是愉快的，而付款是痛苦的。就像乘出租车，计程器的不停跳动让你很难享受这一段行程，因为数值每跳动一次，账单就会增加。于是有人想出了"先付款，后消费"，提前充值的时候因为没有产生实际购买的行为，我们会习惯性地觉得钱还是我们的；真正付款的时候，款项是从已经支付的账户里划出去的，付款的感受不那么真切，恍惚间会有东西是免费的错觉。甚至有时候会有这样的情况：因为种种原因导致到期了仍无法消费，已经支付的钱等于白给了，但是由于支付得早，损失钱的感觉也不像是一种损失了。

10. 钱只有花在自己身上才值得。

即使我们都觉得自己赚钱自己花可能是最开心的事，可研究表明，当我们在别人身上花同等的钱，反而能获得更多的幸福感，这或许是我们身上的社会性特征的需求得到满足的缘故吧。钱本身无所谓值不值得，无论是利己消费还是利他消费，只要消费的方式正确，能让人看到金钱的功利作用产生良性影响，那么这钱都是花得值得的。如果方式不正确，在自己身上投入大价钱跟被强盗抢走钱财一样会让你感到痛苦。